Hans Karl Abele, Werner Friedrich,
Ludger Klar, Benno Mohry, Michael Rüve,
Jörg Schneidler, Edmund Wallis

Besser in Mathe

10. Klasse

Cornelsen
Power Learning

Diese Lernhilfe gibt es auch mit CD-ROM:
Cornelsen Power Learning Mathematik 10. Klasse
(ISBN 3-589-21520-8)

Cornelsen online http://www.cornelsen.de

Gedruckt auf chlorfrei gebleichtem Papier
ohne Dioxinbelastung der Gewässer.

Bibliografische Information
Die Deutsche Bibliothek verzeichnet diese Publikation in der Deutschen Nationalbibliografie; detaillierte bibliografische Daten sind im Internet über **http://dnb.ddb.de** abrufbar.

Dieses Werk berücksichtigt die Regeln der reformierten Rechtschreibung und Zeichensetzung.

5.	4.	3.	2.	1.	Die letzten Ziffern bezeichnen
07	06	05	04	03	Zahl und Jahr der Auflage.

Redaktion: Stefan Giertzsch, Berlin, und Hans Karl Abele, München
Gesamtgestaltung: Dagmar & Torsten Lemme, Berlin
Umschlagentwurf: Bauer + Möhring, Berlin
Illustrationen: Roland Beier, Berlin
Sachzeichnungen: Stefan Giertzsch, Berlin
Repro: City Repro, Berlin
Druck und Bindung: Tesinska Tiskarna, Cesky Tesin
Printed in the Czech Republic
ISBN 3-589-21828-2
Bestellnummer 218282

Inhalt

Vorwort

Liebe Schülerin, lieber Schüler!

Du hast hier ein Buch zum Lernen, Wiederholen und Üben in der Hand.
Die Themen sind in kleinen, verständlichen Schritten aufbereitet.
An vielen Stellen kannst du selbst in das Buch hineinschreiben.
Kontrolliere deine Ergebnisse mit dem Lösungsheft.

Mit diesem Buch kannst du auf *zweierlei Weise* arbeiten:

1. **Möglichkeit:**
   Du fühlst dich insgesamt in Mathematik unsicher. Dann arbeite das Buch von vorne bis hinten durch. Nimm dir nicht zu viel auf einmal vor. Bearbeite lieber kleinere Abschnitte, aber dafür regelmäßig, vielleicht sogar täglich.
2. **Möglichkeit:**
   Du kennst deine Lücken. Du weißt, bei welchen Aufgabenstellungen du noch unsicher bist. Dann sieh im Inhaltsverzeichnis nach, picke einzelne Abschnitte heraus, und arbeite sie durch.

Und noch einige praktische Tipps zum Lernen mit diesem Buch:

- Verwende zum Eintragen ins Buch einen Bleistift. Fehler kannst du dann leichter ausbessern.
- Bist du dir beim Lösen der Übungsaufgaben nicht ganz sicher, sieh dir die Beispiele noch einmal genau an.
- Vergleiche deine Ergebnisse mit dem Lösungsheft.
  Überprüfe bei Fehlern immer genau, was du falsch gemacht hast.
- Bearbeite die Übungsaufgaben nach einigen Tagen noch einmal.
  So kannst du zusätzliche Sicherheit gewinnen.

Die *Symbole* am Seitenrand bedeuten:

 Wichtige Regel: Präge sie dir genau ein.

 Beispielaufgabe: Sie zeigt dir, wie du rechnen musst.

 Übungsaufgabe: Löse sie im Buch oder in einem separaten Heft.

Rechnen mit Potenzen, Potenzgesetze

1 Natürliche Zahlen als Exponenten

Potenzen, deren Exponenten natürliche Zahlen sind, kennst du schon aus den vorangegangenen Schuljahren. Zur Wiederholung bringen wir noch einmal die Definition und ein paar Übungsaufgaben.

$a^1 = a$ mit $a \in \mathbb{R}$

$a^n = a \cdot a \cdot a \cdot \ \ldots \ \cdot a$ mit $n \in \mathbb{N}$ und $n > 1$

a heißt Basis oder Grundzahl.

n heißt Exponent oder Hochzahl.

a^n heißt Potenz.

Übung 1

Schreibe für die Produkte Potenzen. Die Basis oder den Exponenten haben wir dir schon vorgegeben.

a) $1{,}75 \cdot 1{,}75 \cdot 1{,}75 \cdot 1{,}75 \cdot 1{,}75 = 1{,}75^{\square}$

b) $(-2) \cdot (-2) \cdot (-2) = \square^3$

c) $\frac{5}{4} \cdot \frac{5}{4} \cdot \frac{5}{4} \cdot \frac{5}{4} \cdot \frac{5}{4} \cdot \frac{5}{4} = \left(\frac{5}{4}\right)^{\square}$

Übung 2

Jetzt geben wir dir nur die Faktoren vor. Schreibe dafür Potenzen.

a) $\frac{2}{3} \cdot \frac{2}{3} \cdot \frac{2}{3} \cdot \frac{2}{3} =$ ______________

b) $(-x) \cdot (-x) \cdot (-x) =$ ______________

c) $(-2{,}2) \cdot (-2{,}2) =$ ______________

d) $8 \cdot 8 \cdot 8 \cdot 8 \cdot 8 \cdot 8 \cdot 8 =$ ______________

e) $\frac{1}{d} \cdot \frac{1}{d} \cdot \frac{1}{d} \cdot \frac{1}{d} \cdot \frac{1}{d} =$ ______________

f) $0{,}4 \cdot 0{,}4 \cdot 0{,}4 =$ ______________

Übung 3

Schreibe die Potenzen als Produkte. Denke daran, was dir der Exponent sagt.

a) $3{,}2^4 = 3{,}2 \cdot 3{,}2 \cdot \square \cdot \square$

b) $(-6)^3 = (-6) \cdot \square \cdot \square$

c) $\left(\frac{3}{10}\right)^2 =$ ______________

d) $(-g)^7 =$ ______________

e) $0{,}5^3 =$ ______________

f) $(-0{,}1)^3 =$ ______________

2 Berechnung von Potenzen mit dem Taschenrechner

Beispielaufgabe

Die Potenz heißt $4{,}3^7$. Der Wert dieser Potenz ist zu berechnen. Du könntest ihn mit Hilfe der Multiplikation ermitteln. Dann rechnest du:

$4{,}3^7 = 4{,}3 \cdot 4{,}3 \cdot 4{,}3 \cdot 4{,}3 \cdot 4{,}3 \cdot 4{,}3 \cdot 4{,}3$.

Für das Rechnen mit deinem Taschenrechner ergibt sich dafür der Ablaufplan:

4,3 [×] 4,3 [×] 4,3 [×] 4,3 [×] 4,3 [×] 4,3 [×] 4,3 [=] 27181.861
Anzeige des Potenzwertes

Da der Taschenrechner nur einen Näherungswert anzeigt, schreibst du:

$4{,}3^7 \approx 27181.861$.

Wenn dein Rechner die Taste [y^x] oder [x^y] hat, dann kannst du viel schneller arbeiten. Du musst jetzt folgenden Ablaufplan wählen:

4,3 [y^x] 7 [=] 27181.861
Anzeige des Potenzwertes

Beachte: Der Rechner gibt nicht den genauen Potenzwert an. Er rundet die Lösung, weil er nur eine begrenzte Anzahl von Ziffern anzeigen kann.

Präge dir die Reihenfolge für das Berechnen der Potenzen mit dem Taschenrechner gut ein:

1. Basis eingeben.
2. Taste [y^x] drücken.
3. Exponent eingeben.
4. Taste [=] zur Berechnung drücken.

Übung 1

Rechne mit deinem Taschenrechner nach der angegebenen Schrittfolge.

a) $1{,}256^7 =$ ____________ b) $23{,}66^3 =$ ____________

c) $0{,}543^5 =$ ____________ d) $3{,}4^9 =$ ____________

e) $102{,}4^2 =$ ____________ f) $2{,}7^{10} =$ ____________

g) $1007^2 =$ ____________ h) $0{,}835^{11} =$ ____________

i) $1{,}14^{14} =$ ____________ j) $109{,}9^3 =$ ____________

Und was ergibt die Potenz einer negativen Zahl?

Beispielaufgaben

a) $(-3)^3 = -27$: Der **Exponent** ist eine **ungerade** Zahl.
Das Ergebnis ist eine negative Zahl.

b) $(-3)^4 = +81$: Der **Exponent** ist eine **gerade** Zahl.
Das Ergebnis ist eine positive Zahl.

Ist die Basis einer Potenz eine negative Zahl, dann ist der Potenzwert
positiv → wenn der Exponent eine gerade Zahl ist oder
negativ → wenn der Exponent eine ungerade Zahl ist.

Übung 2

Bestimme für jede Potenz nur das Vorzeichen des Potenswertes und ergänze den Lückentext. Das erste Kapitel geben wir dir als Muster vor.

	Potenz	Vorzeichen des Potenzwertes	Begründung für das Vorzeichen des Potenzwertes
a)	$(-1{,}23)^7$	–	Negatives Vorzeichen, weil der Exponent 7 eine ungerade Zahl ist.
b)	$(-2{,}4)^6$		________________ Vorzeichen, weil der Exponent 6 eine ______________ Zahl ist.
c)	$(-0{,}54)^{51}$		________________ Vorzeichen, weil der Exponent 51 eine ______________ Zahl ist.

Übung 3

Berechne die Potenzwerte.

a) $(-5)^4$ **b)** $(-7)^3$ **c)** $(-0{,}4)^2$ **d)** $(-17)^5$
e) $(-0{,}82)^4$ **f)** $(-7{,}12)^6$ **g)** $(-32)^4$ **h)** $(-5)^7$
i) $(-27)^4$ **k)** $(-2)^{10}$ **l)** $(-0{,}9)^5$ **m)** $(-9)^6$

Übung 4

Beachte das Vorzeichen und setze dann das richtige Relationszeichen <, > oder = ein.

a) $(+6)^8$ _____ $(-6)^8$ **b)** $(-4)^5$ _____ $(+4)^5$ **c)** $(-12)^4$ _____ $(+12)^4$
d) $(+23)^3$ _____ $(-23)^3$ **e)** $(-3)^7$ _____ $(+3)^7$ **f)** $(+15)^6$ _____ $(-15)^6$

Gilt auch $(-6)^4 = -6^4$?

$-6^4 = -(6 \cdot 6 \cdot 6 \cdot 6)$ Die Basis heißt 6 und nicht – 6.

$-6^4 = -1296$ Die Potenz hat das Vorzeichen „ – “ und nicht die Basis.

Soll die Basis negativ sein, dann musst du eine Klammer setzen:

$(-6)^4 = (-6) \cdot (-6) \cdot (-6) \cdot (-6)$ Die Basis heißt hier – 6. Die Zahl – 6 ist viermal mit

$(-6)^4 = +1296$ sich selbst zu multiplizieren.

Beim Vergleich der beiden Ergebnisse stellst du fest, dass der Potenzwert einmal eine negative Zahl (– 1296) und einmal eine positive Zahl (+ 1296) ist.
Deshalb gilt: $-6^4 \neq (-6)^4$.

Übung 5

Bestimme den Potenzwert.

a) $-3^7 =$ ____________ **b)** $(-3)^7 =$ ____________ **c)** $(-5)^3 =$ ____________

d) $-5^3 =$ ____________ **e)** $-0{,}7^2 =$ ____________ **f)** $(-0{,}7)^2 =$ ____________

3 Potenzen mit Brüchen

Klammern haben auch bei Brüchen eine große Bedeutung. So stellen zum Beispiel die Terme $\left(\frac{2}{5}\right)^4$; $\frac{2^4}{5}$; $\frac{2}{5^4}$ ganz unterschiedliche Werte dar. Damit du den Unterschied erkennst, schreiben wir die Potenzen als Produkte.

$$\left(\frac{2}{5}\right)^4 = \frac{2}{5} \cdot \frac{2}{5} \cdot \frac{2}{5} \cdot \frac{2}{5} = \frac{16}{625}$$

Da der Bruch in der Klammer steht, gilt der Exponent 4 für den ganzen Bruch.

$$\frac{2^4}{5} = \frac{2 \cdot 2 \cdot 2 \cdot 2}{5} = \frac{16}{5}$$

Es steht keine Klammer. Der Exponent 4 steht nur im **Zähler**, also wird **nur der Zähler** potenziert.

$$\frac{2}{5^4} = \frac{2}{5 \cdot 5 \cdot 5 \cdot 5} = \frac{2}{625}$$

Es steht keine Klammer. Der Exponent 4 steht nur im **Nenner**, also wird **nur der Nenner** potenziert.

Übung 1

Berechne den Potenzwert mit dem Taschenrechner und gib das Ergebnis als (exakten oder gerundeten) Dezimalbruch an.

a) $\left(\frac{4}{5}\right)^4 = \frac{4 \cdot 4 \cdot 4 \cdot 4}{5 \cdot 5 \cdot 5 \cdot 5} = \frac{256}{625} = 0{,}4096$ oder

$\left(\frac{4}{5}\right)^4 = 0{,}8^4 = 0{,}8 \cdot 0{,}8 \cdot 0{,}8 \cdot 0{,}8 = 0{,}4096$

b) $\left(\frac{1}{5}\right)^2$ **c)** $\left(\frac{5}{6}\right)^3$ **d)** $\left(\frac{5}{2}\right)^6$ **e)** $\left(-\frac{3}{10}\right)^2$ **f)** $\left(-\frac{5}{4}\right)^3$ **g)** $\left(-\frac{3}{5}\right)^6$

Beispielaufgabe

für eine Berechnung mit dem Taschenrechner:

$\left(\frac{6}{5}\right)^5 = ?$

1. Schritt: Bruch mit Vorzeichen eingeben.
6 [a b/c] 5 [+/-]
2. Schritt: Bruch potenzieren.
[x^y] 5 [=]

$\left(\frac{6}{5}\right)^5 = -2{,}48832$

Achtung: Das so erhaltene Ergebnis kann ein exaktes Ergebnis (wie hier) oder ein Näherungswert (wie bei $(-\frac{8}{3})^3$) sein.

Übung 2

Berechne die Potenzwerte mit dem Taschenrechner.
Orientiere dich am Beispiel. Achte auf das Minuszeichen.

a) $\left(-\frac{7}{4}\right)^6 =$ __________ **b)** $\left(-\frac{8}{3}\right)^3 =$ __________ **c)** $-\left(\frac{4}{5}\right)^4 =$ __________

d) $\left(-\frac{150}{75}\right)^{17} =$ __________ **e)** $\left(-\frac{27}{4}\right)^6 =$ __________ **f)** $-\left(\frac{21}{6}\right)^3 =$ __________

4 Potenzen mit negativen Exponenten

Rechne mit deinem Taschenrechner den angegebenen Ablaufplan nach. Das Ergebnis lässt sich immer als eine Potenz mit der Basis 5 schreiben.

Ablaufplan	Anzeige	Potenz
3125 [÷] 5 [=]	625	5^4
625 [÷] 5 [=]	125	5^3
125 [÷] 5 [=]	25	5^2
25 [÷] 5 [=]	5	5^1
5 [÷] 5 [=]	1	$5^0 = 1$
1 [÷] 5 [=]	$\frac{1}{5}$	$5^{-1} = \frac{1}{5^1} = \frac{1}{5} = 0{,}2$
$\frac{1}{5}$ [÷] 5 [=]	$\frac{1}{25}$	$5^{-2} = \frac{1}{5^2} = \frac{1}{25} = 0{,}04$

Du erkennst, wie sich der Exponent verändert. Bei jeder Division durch 5 wurde der Exponent um 1 kleiner. Bist du bei 5^2 angekommen, so wird diese Verkleinerung des Exponenten fortgesetzt: 5^1; 5^0; 5^{-1}; 5^{-2}; …

Der Exponent einer Potenz kann eine positive oder negative ganze Zahl sein.
Der Exponent einer Potenz kann auch die Zahl 0 sein.

Für das Rechnen mit Potenzen ist es notwendig, die folgenden Festlegungen zu treffen:

1. $a^0 = 1$
2. $a^{-n} = \frac{1}{a^n}$
3. 0^0 ist nicht erklärt (definiert).

Beachte: $a \in \mathbb{R}$ und $a \neq 0$; $n \in \mathbb{N}$

Mit Hilfe der Festlegung $a^{-n} = \frac{1}{a^n}$ kannst du jede Potenz mit einem negativen Exponenten in eine Potenz mit einem positiven Exponenten umwandeln und umgekehrt.

Beispielaufgaben

Potenz mit negativem Exponent	Potenz mit positivem Exponent	Produktdarstellung	Potenzwert
2^{-3}	$\frac{1}{2^{+3}}$	$\frac{1}{2 \cdot 2 \cdot 2}$	$\frac{1}{8}$
4^{-2}	$\frac{1}{4^{+2}}$	$\frac{1}{4 \cdot 4}$	$\frac{1}{16}$
$0{,}5^{-4}$	$\frac{1}{0{,}5^{+4}}$	$\frac{1}{0{,}5 \cdot 0{,}5 \cdot 0{,}5 \cdot 0{,}5}$	16
$(-15)^{-4}$	$\frac{1}{(-15)^{+4}}$	$\frac{1}{(-15) \cdot (-15) \cdot (-15) \cdot (-15)}$	$\frac{1}{50625}$

Die Potenz mit negativem Exponenten ist nur eine andere Schreibweise für den Kehrwert der Potenz mit positivem Exponenten.

Übung 1

Schreibe alle Potenzen mit positiven Exponenten.

a) $1{,}2^{-15}$ = ____________ **b)** $25{,}6^{-2}$ = ____________ **c)** $0{,}4^{-1}$ = ____________

d) $(-112)^{-7}$ = ____________ **e)** $(-2)^{-12}$ = ____________ **f)** $(-0{,}75)^{-2}$ = ____________

Übung 2

Schreibe alle Potenzen mit positiven Exponenten. Wandle dann die Potenzen in Produkte um und vereinfache. Orientiere dich an der Tabelle auf Seite 11.

a) 7^{-4} **b)** 12^{-2} **c)** $0{,}25^{-3}$ **d)** $(-3)^{-3}$

Steht die Potenz im Nenner eines Bruches, so ändert sich das Vorzeichen des Exponenten, wenn du die Potenz in den Zähler des Bruches schreibst.

Beispielaufgaben

a) $\frac{1}{25^{-4}} = \frac{25^{+4}}{1} = 25^4$ **b)** $\frac{1}{\left(\frac{2}{3}\right)^{-2}} = \frac{\left(\frac{2}{3}\right)^{+2}}{1} = \left(\frac{2}{3}\right)^2$

Übung 3

Schreibe alle Potenzen mit positiven Exponenten.

a) $\frac{1}{15^{-2}} =$ ____________ **b)** $\frac{1}{0{,}5^{-7}} =$ ____________ **c)** $\frac{1}{(-3)^{-5}} =$ ____________

d) $\frac{1}{5^{-n}} =$ ____________ **e)** $\frac{4}{5^{-3}} =$ ____________ **f)** $\frac{2}{(-3)^{-3}} =$ ____________

Beispielaufgabe

Zu berechnen sei: 4^{-3}. Der Ablaufplan für deinen Rechner lautet:
4 [y^x] 3 [+/-] [=].

Die Vorzeichenwechseltaste [+/-] bringt uns den gewünschten negativen Exponenten.
In der Anzeige erscheint das Ergebnis: 0.015625.
Also ist $4^{-3} = 0{,}015625$.

Übung 4

Berechne die Potenzen mit Hilfe des Taschenrechners.

a) $1{,}5^{-1}$ **b)** 4^{-2} **c)** 0^{-12} **d)** $\frac{1}{2{,}7^{-3}}$

e) $\frac{5}{6^{-3}}$ **f)** $\frac{3}{2^{-4}}$ **g)** 2^{-3} **h)** $\frac{1}{3^{-2}}$

Übung 5

Berechne die Potenzen mit Hilfe des Taschenrechners.

a) $(-0{,}5)^{-5}$ **b)** $\frac{1}{(-50)^{-4}}$ **c)** $(-0{,}04)^{-4}$

d) $\frac{1}{(-8)^{-7}}$ **e)** $-41 \cdot (-0{,}2)^{-3}$ **f)** $\frac{5{,}3}{(-4)^{-5}}$

5 Rationale Zahlen als Exponenten

Bisher hatten wir nur ganze Zahlen als Exponenten.
Sind auch Potenzen mit Brüchen im Exponenten, z. B. $8^{\frac{2}{3}}$, definiert?
Die Antwort heißt: ja.

!

$a^{\frac{m}{n}} = \sqrt[n]{a^m}$ mit den Bedingungen: $a \in \mathbb{R}$ und $a > 0$; $n \in \mathbb{N}$ und $n \geqq 2$; $m \in \mathbb{Z}$

$\sqrt[n]{a^m}$ spricht man: n-te Wurzel aus a hoch m.
$\sqrt{a^m}$ bedeutet immer $\sqrt[2]{a^m}$. Bei der zweiten Wurzel muss man die 2 nicht mitschreiben.
Was musst du dir unter der n-ten Wurzel vorstellen? Das Ziehen der Quadratwurzel ist dir ja schon bekannt.
$\sqrt{36} = 6$; $\sqrt{1} = 1$; $\sqrt{100} = 10$; $\sqrt{4} = 2$ usw.
Das Ziehen der Quadratwurzel ist eine Umkehroperation zum Quadrieren, denn es gilt:
$\sqrt{36} = 6$, weil $6^2 = 36$ und
$\sqrt{100} = 10$, weil $10^2 = 100$ usw.
Du kennst bereits andere Umkehroperationen.
Ergänze zur angegebenen Operation
die Umkehroperation.

Operation	→	Umkehroperation
Addition	→	______________
Multiplikation	→	______________
Subtraktion	→	______________
Division	→	______________

Das Wurzelziehen ist eine Umkehroperation zum Potenzieren. Die $\sqrt[n]{a}$ ist somit diejenige nichtnegative reelle Zahl, deren n-te Potenz a ergibt. Es ist also:
$\sqrt[4]{256} = 4$; weil $4^4 = 256$
$\sqrt[5]{243} = 3$; weil $3^5 = 243$
$\sqrt[5]{0{,}00001} = 0{,}1$; weil $0{,}1^5 = 0{,}00001$

Übung 1

Entscheide, welcher Wurzelwert richtig ist. Streiche den falschen Wert durch.
Nutze für die Umkehroperation (Potenzieren) deinen Taschenrechner.

a) $\sqrt[4]{2401} = 7$; denn $7^4 =$ ______________
$= 8$; denn $8^4 =$ ______________

b) $\sqrt[5]{0{,}00243} = 0{,}4$; denn $0{,}4^5 =$ ______________
$= 0{,}3$; denn $0{,}3^5 =$ ______________

c) $\sqrt[7]{16384} = 3$; denn $3^7 =$ ____________________

$= 4$; denn $4^7 =$ ____________________

Wenn $\sqrt[n]{a}$ diejenige nichtnegative reelle Zahl ist, deren n-te Potenz a ergibt, so ist $\sqrt[n]{a^m}$ diejenige nichtnegative reelle Zahl, deren n-te Potenz a^m ergibt. Die Festlegung $a^{\frac{m}{n}} = \sqrt[n]{a^m}$ nutzen wir für das Umwandeln der Potenzschreibweise in die Wurzelschreibweise.

Beispielaufgaben

a) $4{,}1^{\frac{5}{3}} = \sqrt[3]{4{,}1^5}$

b) $21{,}3^{\frac{-7}{2}} = \sqrt[2]{21{,}3^{-7}} = \sqrt[2]{\frac{1}{21{,}3^7}}$

!

Der Zähler des Exponenten bleibt bei der Basis.
Der Nenner des Exponenten wird auf die Wurzel geschrieben.

Beachte: Der Nenner des Exponenten muss eine natürliche Zahl sein.

$$5{,}9^{\frac{2}{-5}} = 5{,}9^{\frac{-2}{5}} = \sqrt[5]{5{,}9^{-2}} = \sqrt[5]{\frac{1}{5{,}9^2}}$$

Da $\frac{2}{-5} = \frac{-2}{5}$ ist, setzt du das Minus einfach vom Nenner in den Zähler.

Beachte: Ist der Exponent ein Dezimalbruch, so musst du ihn in einen Bruch umwandeln.

$$177^{0{,}25} = 177^{\frac{1}{4}} = \sqrt[4]{177^1} = \sqrt[4]{177}$$

Übung 2

Schreibe die Potenz als Wurzel.

a) $105{,}6^{\frac{-2}{7}}$ b) $0{,}04^{0{,}5}$ c) $72^{\frac{1}{-3}}$

d) $0{,}4^{-\frac{4}{5}}$ e) $(-5)^{\frac{7}{6}}$ f) $4{,}4^{1{,}5}$

Übung 3

Schreibe die Wurzel als Potenz.

a) $\sqrt[4]{15^{-8}}$ b) $\sqrt{\left(\frac{1}{3}\right)^{-3}}$ c) $\sqrt[3]{11}$

d) $\sqrt[4]{(-27)^3}$ e) $\sqrt{82^5}$ f) $\sqrt[8]{4{,}3^{-1}}$

Natürlich können wir auch Potenzen, deren Exponenten rationale Zahlen sind, mit dem Taschenrechner berechnen.

Beispielaufgaben

a) $1{,}26^{4{,}3} = ?$
Du berechnest den Potenzwert nach folgendem Ablaufplan:
1,26 [yˣ] 4,3 [=]   Anzeige: 2.7014277
Also ist $1{,}26^{4{,}3} \approx 2{,}70143$.

b) $5{,}7^{\frac{4}{7}} = ?$
Wenn dein Taschenrechner eine Bruchtaste hat ([a b/c]), dann geht das ganz bequem:
5,7 [yˣ] 4 [a b/c] 7 [=]   Anzeige: 2.7035132

Also ist $5{,}7^{\frac{4}{7}} \approx 2{,}70351$.

Übung 4

Berechne die Potenzen. Wähle dir deinen Ablaufplan aus.

a) $81^{\frac{1}{2}}$ **b)** $81^{\frac{1}{3}}$ **c)** $2{,}7^{\frac{6}{5}}$ **d)** $10100^{\frac{2}{9}}$
e) $2{,}3^{1{,}4}$ **f)** $918^{0{,}4}$ **g)** $1^{0{,}007}$ **h)** $0{,}04^{0{,}157}$

Übung 5

Schreibe die Wurzeln als Potenzen und berechne die Potenzwerte.

a) $\sqrt[4]{423}$ **b)** $\sqrt[4]{0{,}09^2}$ **c)** $\sqrt{\left(\frac{20}{4}\right)^3}$ **d)** $\sqrt[5]{4^7}$

e) $\sqrt[4]{0{,}7^{-3}}$ **f)** $\sqrt[11]{11^{11}}$ **g)** $\sqrt[5]{\left(\frac{9}{5}\right)^4}$ **h)** $\sqrt[11]{0{,}2^{-12}}$

6 Große und kleine Zahlen

Sehr große und sehr kleine Zahlen werden normalerweise mit Zehnerpotenzen geschrieben, z. B.:

- Lichtgeschwindigkeit: $c \approx 3 \cdot 10^5 \frac{\text{km}}{\text{s}} = 300\,000 \frac{\text{km}}{\text{s}}$;
- Ruhemasse eines Elektrons: $m = 9{,}1095 \cdot 10^{-31}$ kg;
- Gravitationskonstante: $\gamma = 6{,}670 \cdot 10^{-11}\ \text{N} \cdot \text{m}^2 \cdot \text{kg}^{-2}$.

Für Zehnerpotenzen hat der Taschenrechner eine eigene Taste, die Exponententaste: [EE] oder [EEX] oder [EXP].

Beispielaufgaben

a) $7{,}18 \cdot 10^{21}$
Ablaufplan: 7,18 [EE] 21   Anzeige: 7.18 21

b) $31430 \cdot 10^{15}$
Ablaufplan: 31430 [EE] 15   Anzeige: 3.143 19

Beobachte die Anzeige beim Drücken der Taste [EE]. Wenn du diese Taste gedrückt hast, erscheinen am rechten Rand der Anzeige zwei Nullen, für die im nächsten Schritt der Exponent der Zehnerpotenz eingegeben wird. Der Exponent wird immer durch ein Leerfeld von den übrigen Zahlen getrennt.

> Die abgetrennten Ziffern stehen immer für den Exponenten einer Potenz mit der Basis 10.

Übung 1

Berechne die Potenzwerte und gib das Ergebnis in Zehnerpotenzschreibweise an.

	Aufgabe	Anzeige des Rechners	Zehnerpotenz
a)	4^{21}	4.3980 12	$4{,}398 \cdot 10^{12}$
b)	$(-21{,}7)^{-7}$		
c)	$0{,}06^{14}$		
d)	$95^{17{,}5}$		
e)	$(-0{,}45)^{13{,}5}$		
f)	$112^{\frac{111}{5}}$		

Du hast sicher die nicht lösbare Aufgabe gefunden. Überlege, warum diese Aufgabe nicht gelöst werden kann. Vergleiche dann mit dem Lösungsheft. Wenn du wissen willst, welche Zahl sich hinter einer Zehnerpotenz verbirgt, benötigst du folgende Regel:

> Bei positivem Exponent rückt das Komma nach rechts.
> Bei negativem Exponent rückt das Komma nach links.

$2{,}445789 \cdot 10^{+6} = 2445789$ (Das Komma rückt 6 Stellen nach **rechts**, weil der Exponent **positiv** ist.)

$7{,}8364 \cdot 10^{-4} = 0{,}00078364$ (Das Komma rückt 4 Stellen nach **links**, weil der Exponent **negativ** ist.)

Übung 2

Schreibe folgende Zahlen aus der Astronomie und Physik ohne Zehnerpotenzen auf.

a) Entfernung Erde – Mond: $3{,}844 \cdot 10^5$ km = ______________________

b) Lichtgeschwindigkeit im Vakuum: $2{,}99792 \cdot 10^8\ m \cdot s^{-1}$ = ______________________

c) Volumen der Sonne: $1{,}41 \cdot 10^{18}\ km^3$ = ______________________

d) Ruhemasse des Protons: $1{,}67265 \cdot 10^{-27}$ kg = ______________________

Übung 3

Schreibe als Zehnerpotenz. Der Faktor der abgetrennten Zehnerpotenz soll nur eine Ziffer vor dem Komma haben, die ungleich null ist.

a) $127400 = 1{,}27400 \cdot 10^5$

b) $654\,000\,000 =$ ____________

c) $-14\,102 =$ ____________

d) $36 =$ ____________

e) $0{,}004\,03 = 4{,}03 \cdot 10^{-3}$

f) $0{,}000\,000\,1 =$ ____________

g) $0{,}17 =$ ____________

h) $-0{,}274\,00 =$ ____________

Vielleicht kannst du auch deinenTaschenrechner dazu bringen, alle Zahlen mit Zehnerpotenzen anzuzeigen, indem du auf MODE SCI umschaltest. Du musst dann noch die Zahl der geltenden Ziffern eingeben.
Beispiel: Mit MODE SCI 3 erhält man:
1 [÷] 30 [=] Anzeige: $3.33 * 10^{-02}$
Mit MODE NORM kehrst du zur normalen Anzeige zurück.

7 Potenzgesetze

Für die folgenden Potenzgesetze wollen wir ganzzahlige Exponenten voraussetzen.

Beispielaufgabe

$2^2 \cdot 2^3 = 2^5$

!

Potenzen mit gleicher Basis werden multipliziert, indem man die Basis beibehält und die Exponenten addiert.
$a^m \cdot a^n = a^{m+n}$ mit $a \in \mathbb{R}$ und $a \neq 0$; $m, n \in \mathbb{Z}$

Übung 1

Multipliziere die Potenzen:

a) $25^3 \cdot 25^7$ **b)** $0{,}6 \cdot 0{,}6^4$ **c)** $0{,}25^5 \cdot 0{,}25^4$

d) $1{,}86^{11} \cdot 1{,}86^9$ **e)** $3{,}5^2 \cdot 3{,}5^7$ **f)** $(-13)^4 \cdot (-13)^6$

g) $125^3 \cdot 125^3$ **h)** $y^{12} \cdot y^6$ **i)** $z^4 \cdot z^5$

Nun dividieren wir die Potenzen mit gleicher Basis.

Beispielaufgabe

$2^4 : 2^3 = 2^1 = 2$

Potenzen mit gleicher Basis werden dividiert, indem man die Basis beibehält und die Exponenten subtrahiert.

$\frac{a^m}{a^n} = a^{m-n}$ mit $a \in \mathbb{R}$ und $a \neq 0$; $m, n \in \mathbb{Z}$

Übung 2

Dividiere die Potenzen. Verwende die Kurzform.

a) $\frac{61^{11}}{61^{10}}$ **b)** $\frac{25^8}{25^{11}}$ **c)** $\frac{0{,}9^2}{0{,}9^2}$ **d)** $\frac{2{,}25^9}{2{,}25^6}$

e) $\frac{(-3{,}5)^4}{(-3{,}5)^4}$ **f)** $\frac{(-4{,}7)^4}{(-4{,}7)^{11}}$ **g)** $\frac{0{,}03^{13}}{0{,}03^9}$ **h)** $\frac{33^1}{33^{10}}$

i) $\frac{0{,}8^7}{0{,}8^8}$ **j)** $\frac{(-2)^5}{(-2)^5}$ **k)** $\frac{23^{17}}{23^7}$ **l)** $\frac{6{,}3^{34}}{6{,}3^{34}}$

Übung 3

In den folgenden Aufgaben fehlen Zahlen $\square$ und Rechenzeichen $\bigcirc$. Trage sie ein.

a) $8{,}5^2 \cdot 8{,}5^{-3} = 8{,}5^{2 \bigcirc (-3)} = 8{,}5^{\square}$

b) $53^7 \cdot 53^5 \cdot 53 = 53^{7 \bigcirc 5 + \square} = 53^{\square}$

c) $(-5)^9 : (-5)^{-2} = (-5)^{9 - \square} = (-5)^{\square}$

d) $9^{-3} : 9^5 = 9^{-3 - \square} = 9^{\square}$

e) $7{,}8^6 : 7{,}8^4 = 7{,}8^{\square - 4} = 7{,}8^2$

f) $31^4 \bigcirc 31^5 = 31^{4 \bigcirc 5} = 31^9$

g) $\left(\frac{4}{3}\right)^4 \cdot \left(\square^4\right) = \left(\frac{4}{3}\right)^{3+4} = \left(\frac{4}{3}\right)^{\square}$

h) $0{,}1^{\square} \cdot 0{,}1^{-2} \cdot 0{,}1^{\square} = 0{,}1^{\square + (-2) + 3} = 0{,}1^6$

Übung 4

Berechne die Potenzen.

a) $\frac{11^8}{11^6}$ **b)** $3{,}71 \cdot 3{,}71^4 \cdot 3{,}71^{-2}$ **c)** $\frac{0{,}4^{-3}}{0{,}4^{-2} \cdot 0{,}4^5}$

d) $(-5{,}4)^5 \cdot (-5{,}4)^{-2} \cdot (-5{,}4)^{-1} \cdot (-5{,}4)$ **e)** $66^{-2} \cdot 66^3 \cdot 66^{-8}$

f) $\frac{4^3 \cdot 4^2}{4^2}$ **g)** $\frac{m^2 \cdot m^{-3} \cdot m}{m^5 \cdot m^{-4}}$ **h)** $\frac{0{,}3^{-2} \cdot 0{,}3^4}{0{,}3^{-5} \cdot 0{,}3}$

Auch für die Multiplikation und Division von Potenzen mit gleichen Exponenten und verschiedenen Basen gibt es Gesetze.
Wir multiplizieren Potenzen mit gleichen Exponenten.

Beispielaufgabe

$2^2 \cdot 3^2 = 6^2$

Potenzen mit gleichen Exponenten werden multipliziert, indem man den Exponenten beibehält und die Basen multipliziert.
$a^n \cdot b^n = (a \cdot b)^n$ mit $a, b \in \mathbb{R}$; $a \neq 0$; $b \neq 0$ und $n \in \mathbb{Z}$

Übung 5

Multipliziere die Potenzen.

a) $2{,}5^2 \cdot 4^2$ **b)** $0{,}1^3 \cdot 10^3 \cdot 5^3$ **c)** $(-3)^5 \cdot (-15)^5$
d) $z^{10} \cdot s^{10} \cdot (-w)^{10}$ **e)** $(-5)^7 \cdot a^7 \cdot (-q)^7$ **f)** $0{,}2^9 \cdot (-1{,}4)^9$

Wir dividieren Potenzen mit gleichen Exponenten.

Beispielaufgabe

$\frac{6^2}{3^2} = 2^2 = 4$

Potenzen mit gleichen Exponenten werden dividiert, indem man den Exponenten beibehält und die Basen dividiert.
$\frac{a^n}{b^n} = \left(\frac{a}{b}\right)^n$ mit $a, b \in \mathbb{R}$; $a \neq 0$; $b \neq 0$ und $n \in \mathbb{Z}$

Übung 6

Dividiere die Potenzen.

a) $\frac{36^3}{6^3}$ **b)** $\frac{125^2}{(-25)^2}$ **c)** $0{,}65^4 : 5^4$
d) $\frac{(14z)^3}{(-28z)^3}$ **e)** $\frac{49^5}{14^5}$ **f)** $(-4{,}5)^6 : 1{,}5^6$

Beide Potenzgesetze können wir auch anwenden, wenn Potenzen mit negativen Exponenten auftreten.

Beispielaufgabe

für das Potenzieren von Potenzen
$(5^2)^3 = 5^2 \cdot 5^2 \cdot 5^2 = 5^{3 \cdot 2}$
Dann heißt das Potenzgesetz für das Potenzieren von Potenzen:

Eine Potenz wird potenziert, indem man die Basis beibehält und die Exponenten miteinander multipliziert.
$(a^m)^n = a^{m \cdot n}$ mit $a \in \mathbb{R}$ und $a \neq 0$ und $m, n \in \mathbb{Z}$

Übung 7

Potenziere die Potenzen.

a) $(2^4)^2$ **b)** $[(-3)^2]^3$ **c)** $(0{,}9^4)^2$ **d)** $[(-2{,}5)^4]^3$
e) $(s^5)^3$ **f)** $(12{,}7^2)^1$ **g)** $[(\frac{3}{4})^4]^2$ **h)** $[(\frac{x}{3})^2]^2$

Zusammenfassung
Für alle nachfolgenden Variablen gilt: $a, b \in \mathbb{R}$ mit $a \neq 0$; $b \neq 0$ und $m, n \in \mathbb{Z}$.

Potenzgesetz	Wortlaut	Beispiel
$a^m \cdot a^n = a^{m+n}$	Potenzen mit gleicher Basis werden multipliziert, indem man die Basis beibehält und die Exponenten addiert.	$7^2 \cdot 7^3 = 7^{2+3} = 7^5$
$a^m : a^n = a^{m-n}$	Potenzen mit gleicher Basis werden dividiert, indem man die Basis beibehält und die Exponenten subtrahiert.	$6^5 : 6^3 = 6^{5-3} = 6^2$
$a^n \cdot b^n = (a \cdot b)^n$	Potenzen mit gleichen Exponenten werden multipliziert, indem man das Produkt der Basen bildet und den Exponenten beibehält.	$4^2 \cdot 3^2 = (4 \cdot 3)^2 = 12^2$
$a^n : b^n = (a : b)^n$	Potenzen mit gleichen Exponenten werden dividiert, indem man die Basen dividiert und den Exponenten beibehält.	$15^3 : 5^3 = (15 : 5)^3 = 3^3$
$(a^m)^n = a^{m \cdot n}$	Potenzen werden potenziert, indem man die Basis beibehält und die Exponenten multipliziert.	$(3^4)^2 = 3^{4 \cdot 2} = 3^8$

8 Wurzelgesetze

Beim Anwenden der Potenzgesetze beschränkten wir uns bisher immer auf solche Potenzen, deren Exponenten ganze Zahlen waren. Du weißt aber, dass Potenzen auch rationale Zahlen (z. B. $\frac{1}{3}$; $\frac{4}{3}$; $\frac{1}{4}$; …) als Exponenten haben können (S. 13ff.). Auch für das Rechnen mit solchen Potenzen gelten die Potenzgesetze, vorausgesetzt, die Basen sind positiv.

Die Potenzgesetze gelten auch für $a, b \in \mathbb{R}^+$ und $m, n \in \mathbb{Q}$.

Übung 1

Bilde die Produkte und Quotienten der Potenzen oder potenziere die Potenzen.

a) $2^{\frac{1}{2}} \cdot 2^{\frac{3}{2}}$ b) $5^{\frac{7}{4}} \cdot 5^{\frac{9}{4}}$ c) $a^{\frac{3}{5}} \cdot a^{\frac{2}{5}}$ d) $3^{\frac{1}{2}} : 3^{\frac{1}{4}}$

e) $6^{\frac{2}{3}} : 6^{\frac{3}{4}}$ f) $x^{\frac{2}{5}} : x^{\frac{3}{5}}$ g) $12^{\frac{1}{2}} \cdot 3^{\frac{1}{2}}$ h) $3^{\frac{1}{4}} \cdot 27^{\frac{1}{4}}$

i) $(ab)^{\frac{1}{2}} \cdot (ac)^{\frac{1}{2}}$ j) $70^{\frac{1}{2}} : 7^{\frac{1}{2}}$ k) $480^{\frac{3}{4}} : 30^{\frac{3}{4}}$ l) $(18a)^{\frac{1}{2}} : (2a)^{\frac{1}{2}}$

Du weißt, dass man Potenzen mit rationalen Exponenten als Wurzeln schreiben kann. Für das Rechnen mit Wurzeln benötigen wir die Wurzelgesetze. Wie die Wurzelgesetze aus den Potenzgesetzen hervorgehen, zeigen wir dir am Beispiel.

Beispielaufgabe

$128^{\frac{1}{3}} : 2^{\frac{1}{3}} = ?$

Für den Dividenden kannst du $\sqrt[3]{128}$ und für den Divisor kannst du $\sqrt[3]{2}$ schreiben.

Also gilt:

$128^{\frac{1}{3}} : 2^{\frac{1}{3}} = \sqrt[3]{128} : \sqrt[3]{2}$ (I)

Unter Anwendung des Potenzgesetzes für die Division von Potenzen mit gleichen Exponenten gilt für die linke Seite der Gleichung (I):

$(128 : 2)^{\frac{1}{3}} = 64^{\frac{1}{3}}$.

Beide Potenzen kannst du als Wurzel schreiben:

$\sqrt[3]{128 : 2} = \sqrt[3]{64}$.

Wenn die linke Seite der Gleichung (I) $\sqrt[3]{64}$ ergibt, muss wegen des Gleichheitszeichens auch die rechte Seite der Gleichung (I) $\sqrt[3]{64}$ ergeben. Aus dem Vergleich der Potenz- und Wurzelschreibweise ergibt sich:

$\sqrt[3]{128} : \sqrt[3]{2} = \sqrt[3]{128 : 2} = \sqrt[3]{64}$.

Setzt du für die Zahlen Variable ein, so erhältst du die allgemeine Formulierung dieses Wurzelgesetzes.

! $\sqrt[n]{a} : \sqrt[n]{b} = \sqrt[n]{a : b} \quad a, b \in \mathbb{R}; a \geqq 0; b > 0; n \in \mathbb{N}; n > 1$

Weitere Wurzelgesetze

! $\sqrt[n]{a} \cdot \sqrt[n]{b} = \sqrt[n]{a \cdot b} \quad a, b \in \mathbb{R}; a \geqq 0; b \geqq 0; n \in \mathbb{N}; n > 1$

$\sqrt[m]{\sqrt[n]{a}} = \sqrt[n]{\sqrt[m]{a}} = \sqrt[m \cdot n]{a} \quad a \in \mathbb{R}; a \geqq 0; m; n \in \mathbb{N}; m > 1; n > 1$

Die Wurzelgesetze sind keine neuen Gesetze. Sie sind Spezialfälle der Potenzgesetze. Zu jedem Wurzelgesetz folgt nun jeweils ein Beispiel.

Beispielaufgaben

a) $\sqrt[3]{4} \cdot \sqrt[3]{2} = \sqrt[3]{4 \cdot 2}$ gleicher Wurzelexponent 3

$= \sqrt[3]{8} = 2$

b) $\sqrt[4]{768} : \sqrt[4]{3} = \sqrt[4]{768 : 3}$ gleicher Wurzelexponent 4

$= \sqrt[4]{256} = 4$

c) $\sqrt{\sqrt{625}} = \sqrt[4]{625} = 5$ Produkt der Wurzelexponenten ist 4.

Übung 2

Vereinfache die folgenden Terme und berechne sie.

a) $\sqrt{8} \cdot \sqrt{2}$ b) $\sqrt[4]{125} \cdot \sqrt[4]{5}$ c) $\sqrt[3]{\sqrt{64}}$ d) $\sqrt[3]{31{,}25} \cdot \sqrt[3]{4}$

e) $\sqrt[3]{\sqrt[3]{1}}$ f) $\sqrt{\frac{15}{24}} : \sqrt{\frac{9}{40}}$ g) $\sqrt[4]{202{,}5} : \sqrt[4]{2{,}5}$ h) $\sqrt{\frac{21}{40}} : \sqrt{\frac{15}{14}}$

i) $\sqrt{\sqrt[3]{729}}$ j) $\sqrt[6]{358{,}4} : \sqrt[6]{5{,}6}$ k) $\sqrt{2} \cdot \sqrt{3} \cdot \sqrt{6}$ l) $\sqrt{90} : \sqrt{10}$

Steht eine Wurzel im Nenner eines Bruches, so ist es üblich, den Bruch so umzuformen, dass keine Wurzel mehr im Nenner steht. Man nennt das „den Nenner rational machen“.

Beispielaufgabe

$\frac{1}{\sqrt{2}}$ Wir wollen erreichen, dass im Nenner des Bruches eine rationale Zahl steht.

$\frac{1}{\sqrt{2}} = \frac{1 \cdot \sqrt{2}}{\sqrt{2} \cdot \sqrt{2}}$ Der Bruch wird mit $\sqrt{2}$ erweitert.

$\frac{1}{\sqrt{2}} = \frac{\sqrt{2}}{2}$ Den Nenner kannst du jetzt als rationale Zahl schreiben, denn $\sqrt{2} \cdot \sqrt{2} = 2$.

Bei einer **2ten Wurzel** musst du **einmal** den Bruch mit dieser Wurzel **erweitern.**
Bei einer **3ten Wurzel** musst du **zweimal** den Bruch mit dieser Wurzel **erweitern.**
Bei einer **4ten Wurzel** musst du **dreimal** den Bruch mit dieser Wurzel **erweitern.**
usw.

Beispielaufgabe

$\frac{1}{\sqrt[4]{15}}$ Im Nenner soll eine rationale Zahl stehen.

$\frac{1}{\sqrt[4]{15}} = \frac{1 \cdot \sqrt[4]{15} \cdot \sqrt[4]{15} \cdot \sqrt[4]{15}}{\sqrt[4]{15} \cdot \sqrt[4]{15} \cdot \sqrt[4]{15} \cdot \sqrt[4]{15}}$

$= \frac{\sqrt[4]{15 \cdot 15 \cdot 15}}{\sqrt[4]{15 \cdot 15 \cdot 15 \cdot 15}} = \frac{\sqrt[4]{3375}}{15}$

Da die Wurzel im Nenner eine 4te Wurzel ist, musst du den Bruch dreimal mit dieser Wurzel erweitern.

Übung 3

Verwandle den Nenner in eine rationale Zahl.

a) $\frac{1}{\sqrt{8}}$ b) $\frac{6}{\sqrt[4]{10}}$ c) $\frac{\sqrt{5}}{\sqrt{3}}$ d) $\frac{3}{9 \cdot \sqrt{5}}$ e) $\frac{5}{\sqrt[3]{6}}$ f) $\frac{18}{\sqrt{6}}$

Übung 4

Mitunter steht der gesamte Bruch unter der Wurzel. Dann lässt sich ebenfalls durch Erweitern der Nenner aus dem Radikanden wegbringen.

$$\sqrt{\frac{5}{8}} = \frac{\sqrt{5}}{\sqrt{8}} = \frac{\sqrt{5} \cdot \sqrt{8}}{\sqrt{8} \cdot \sqrt{8}} = \frac{\sqrt{40}}{8} = \frac{2\sqrt{10}}{8} = \frac{1}{4}\sqrt{10}$$

Probiere es selbst einmal.

a) $\sqrt{\frac{1}{3}}$ **b)** $\sqrt{\frac{8}{21}}$ **c)** $\sqrt[3]{\frac{4}{3}}$ **d)** $\sqrt[4]{\frac{5}{7}}$

Übung 5

Wandle so um, dass keine Wurzel mehr im Nenner steht.

a) $\frac{\sqrt{b}}{\sqrt{a}}$ **b)** $\frac{x}{\sqrt[3]{yz}}$ **c)** $\frac{a \cdot \sqrt{b}}{\sqrt[3]{a}}$ **d)** $\frac{18b}{\sqrt[3]{9b}}$

e) $\frac{25x}{\sqrt[3]{5y}}$ **f)** $\frac{4m}{\sqrt{4m}}$ **g)** $\frac{36a^2}{\sqrt[3]{6a^2}}$ **h)** $\frac{n^4}{\sqrt[4]{2n^3}}$

9 Rechnen mit Potenzen

Beispielaufgabe

für eine Berechnung mit dem Taschenrechner

$\sqrt[4]{5^2 - 7 \cdot 2} = ?$	Forme in die Potenzschreibweise um.
$= (5^2 - 7 \cdot 2)^{\frac{1}{4}}$	Berechne die Potenz und das Produkt.
$= (25 - 14)^{\frac{1}{4}}$	Bilde die Differenz in der Klammer.
$= 11^{\frac{1}{4}} = 11^{0,25}$	Potenziere.
$= 1,82116\ldots$	

Der Ablaufplan für den Taschenrechner lautet:

5 [x^2] [−] 7 [×] 2 [=] [y^x] 4 [1/x] [=] Anzeige: 1,82116…

Übung 1

Berechne die Terme mit dem Taschenrechner.

a) $4^6 : 5 - 2^2 \cdot 7$ **b)** $14^{(5+1,7)} : (21 \cdot 10^{-3})$ **c)** $(2^4 - 2^3) \cdot \sqrt{512}$

d) $10^4 - 3^7 + 0,4^{1,2}$ **e)** $5^3 \cdot 4^4 - 1,7 \cdot 10^2$ **f)** $5^{-3} - 6^3 \cdot 18^{-2}$

g) $\sqrt{95 - 1,7^2}$ **h)** $\sqrt[4]{526 \cdot 3} - (197 : 2)^3$ **i)** $\frac{2}{4^3} + (4^2 - \sqrt{64})$

Beispielaufgabe

für eine Umformung ohne Taschenrechner:

$$\frac{(4 \cdot s^2 \cdot t^2)^3}{(3 \cdot s \cdot t^5)^3}$$

Potenzgesetz für die Division von Potenzen mit gleichen Exponenten anwenden.

$$= \left(\frac{4 \cdot s^2 \cdot t^2}{3 \cdot s \cdot t^5}\right)^3$$

Potenzgesetz für die Division von Potenzen mit gleicher Basis anwenden.

$$= \left(\frac{4}{3} \cdot s \cdot t^{-3}\right)^3$$

Potenzgesetze für das Potenzieren von Potenzen anwenden.

$$= \frac{4^3}{3^3} \cdot s^3 \cdot t^{-9}$$

Potenzen mit positivem Exponenten schreiben.

$$= \frac{64 \cdot s^3}{27 \cdot t^9}$$

Übung 2

Vereinfache! Rechne erst dann mit dem Taschenrechner.

a) $4x^2 \cdot 7xy$ b) $\frac{2}{3}abc \cdot \frac{6}{5}bc^2$ c) $70r^5s : (7rs^4)$

d) $21u^7 : (3u^2v^2)$ e) $8^3 \cdot 8^2 \cdot 8^{-6}$ f) $(4^4)^{0,5}$

g) $\frac{25^3 \cdot 13^3 \cdot z^4}{26^3 \cdot z^2 \cdot 5^3}$ h) $\left(\frac{5b^3}{c}\right)^4 \cdot \left(\frac{c^2}{10b^2}\right)^4$ i) $\frac{6{,}2^5 \cdot 5}{6{,}2^3}$

Übung 3

Vereinfache so weit wie möglich und rechne dann mit dem Taschenrechner.

a) $\left(\frac{1}{7}\right)^3 \cdot 7^3 \cdot 2^3$ b) $1{,}5^4 \cdot 0{,}5^4 \cdot 4^4$ c) $\frac{10^6 \cdot 71 \cdot 10^{-2}}{10^3}$

d) $0{,}1^4 : 0{,}1^5$ e) $(-2)^5 \cdot (-3)^5 : 6^5$ f) $14^{-4{,}1} \cdot 0{,}2^{-4{,}1} : 0{,}7^{-4{,}1}$

g) $\sqrt[4]{\frac{1}{9}} \cdot \sqrt[4]{9^5}$ h) $\sqrt[7]{1{,}3^{21}} \cdot 2^3$ i) $\sqrt{\frac{25}{64}} : \sqrt{\frac{27}{4^3}}$

Übung 4

Berechne die Doppelwurzeln wie in den Beispielaufgaben.

$\sqrt[3]{\sqrt[3]{12}} = \sqrt[3 \cdot 3]{12} = \sqrt[9]{12} = 12^{\frac{1}{9}} = 1{,}31798\ldots$

$\sqrt[4]{\sqrt[6]{7^{12}}} = \sqrt[4 \cdot 6]{7^{12}} = \sqrt[24]{7^{12}} = 7^{\frac{12}{24}} = 7^{\frac{1}{2}} = \sqrt{7} = 2{,}64575\ldots$

a) $\sqrt[7]{\sqrt[4]{3^{28}}}$ b) $\sqrt{\sqrt[4]{324^2}}$ c) $\sqrt{\sqrt{5^4}}$ d) $\sqrt[5]{\sqrt[6]{2^{-10}}}$

e) $\sqrt{\sqrt[4]{9}}$ f) $\sqrt[4]{\sqrt{9}}$ g) $\sqrt[4]{\sqrt[4]{9}}$ h) $\sqrt[3]{\sqrt[4]{7^{24} \cdot 3^{36}}}$

Übung 5

Schreibe als Zehnerpotenzen in der Form: $a \cdot 10^p$ mit $a \in \mathbb{R}$ und $1 \leqq a < 10; p \in \mathbb{Z}$.
Beispiel: $437 = 4{,}37 \cdot 10^2$

a) 4314 **b)** 0,238 **c)** 0,00405 **d)** 337,05
e) 0,000056 **f)** 1 600 300 **g)** 65,43 **h)** 0,10203

Übung 6

Berechne die Quotienten und Produkte. Schreibe das Ergebnis in der Form:
$a \cdot 10^p$ mit $a \in \mathbb{R}$ und $1 \leqq a < 10; p \in \mathbb{Z}$.

a) $\frac{0{,}000\,0345}{0{,}0312}$ **b)** $\frac{24\,300}{32\,500} \cdot 0{,}032$ **c)** $7350 \cdot 17\,200$

d) $\frac{5{,}3 \cdot 10^7}{4{,}1 \cdot 10^6}$ **e)** $(1{,}5 \cdot 10^{-3}) \cdot (1{,}07 \cdot 10^4)$ **f)** $\frac{9{,}02 \cdot 10^{-2}}{4{,}01 \cdot 10^{-4}}$

Übung 7

Forme die Terme in Potenzschreibweise um und vereinfache so weit wie möglich. Alle Variablen sind positiv.

a) $\sqrt[5]{32}$ **b)** $\sqrt[8]{1}$ **c)** $\sqrt[4]{\frac{1}{81}}$ **d)** $\sqrt[3]{\frac{27}{125}}$
e) $\sqrt[4]{24{,}3}$ **f)** $\sqrt[4]{24{,}3^3}$ **g)** $\sqrt[4]{24{,}3^{-3}}$ **h)** $(\sqrt[4]{24{,}3}\,)^3$
i) $\sqrt[2n]{4^{2m}}$ **j)** $\frac{1}{\sqrt[3]{4}}$ **k)** $\sqrt[4]{(-2)^4}$ **l)** $\sqrt[3]{c^6}$

Übung 8

Schreibe zuerst als eine Wurzel. Berechne dann einen Näherungswert.

a) $\sqrt{24} \cdot \sqrt{37}$ **b)** $\sqrt[4]{513} \cdot \sqrt[4]{718}$ **c)** $\sqrt{0{,}5} : \sqrt{0{,}2}$ **d)** $\sqrt[3]{\frac{1}{4}} : \sqrt[3]{8}$
e) $\sqrt[3]{\sqrt{121}}$ **f)** $\sqrt[5]{\sqrt[3]{4^5}}$ **g)** $\sqrt[3]{0{,}01} \cdot \sqrt[3]{0{,}02}$ **h)** $\sqrt[3]{\sqrt[3]{3^{-3}}}$

Übung 9

Berechne den Potenzwert mit dem Taschenrechner.

a) $5{,}3^{1{,}2} \cdot 18{,}2^3$ **b)** $5{,}7^{\frac{2}{3}} : 5{,}7^{\frac{1}{4}}$ **c)** $4^3 \cdot 7{,}1^{5{,}2} - 4^3$

d) $(45{,}7^{-3} \cdot 4{,}2)^4 - 1$ **e)** $\frac{(4^2 - 2{,}5)^{3{,}5}}{2{,}1^{4{,}5}}$ **f)** $\left(\frac{21{,}5^{-2} - 5{,}6^{-2}}{4 + 5^{3-0{,}5}}\right)^2$

Potenzfunktionen

1 Potenzfunktionen mit ganzzahligen Exponenten

Du kennst bereits Funktionen der Form $y = a \cdot x$ (lineare Funktion) und $y = a \cdot x^2$ (quadratische Funktion). Jetzt betrachten wir Funktionen mit beliebigen Potenzen von x. Der Exponent soll ganzzahlig sein.

> Eine Funktion, die sich mit einer Funktionsgleichung der Form
> $y = f(x) = a \cdot x^z$ mit $z \in \mathbb{Z}$ und $z \neq 0$ beschreiben lässt, heißt Potenzfunktion.

Zunächst betrachten wir Funktionen mit $a = 1$.
Sie lassen sich in vier Gruppen einteilen:

1. Potenzfunktionen mit geraden, positiven Exponenten.
   Beispiele: $y = x^2$; $y = x^4$; $y = x^{100}$ …
2. Potenzfunktionen mit ungeraden, positiven Exponenten.
   Beispiele: $y = x^3$; $y = x^5$; $y = x^{19}$ …
3. Potenzfunktionen mit geraden, negativen Exponenten.
   Beispiele: $y = x^{-2}$; $y = x^{-6}$; $y = x^{-14}$ …
4. Potenzfunktionen mit ungeraden, negativen Exponenten.
   Beispiele: $y = x^{-3}$; $y = x^{-9}$; $y = x^{-25}$ …

Bei der Erarbeitung der Eigenschaften dieser Funktionen wollen wir bei allen vier Gruppen in folgender Weise vorgehen:

a) Auswahl von drei Funktionen aus der jeweiligen Gruppe.
b) Aufstellen der Wertetabellen für diese Funktionen.
c) Zeichnen der Graphen in ein Koordinatensystem.
d) Vergleichen der Graphen bezüglich ihrer Gemeinsamkeiten bzw. Unterschiede.

A Potenzfunktionen mit geraden, positiven Exponenten

Beispiele: $y = x^2$; $y = x^4$; $y = x^6$

Wertetabelle

x	-2	-1	$-0{,}5$	$-0{,}25$	0	$0{,}25$	$0{,}5$	1	2
$y = x^2$	4	1	$-0{,}25$	0,06	0	0,06	0,25	1	4
$y = x^4$	16	1	0,06	0,004	0	0,004	0,06	1	16
$y = x^6$	64	1	0,02	0,0002	0	0,0002	0,02	1	64

Zeichnen der Graphen in das Koordinatensystem

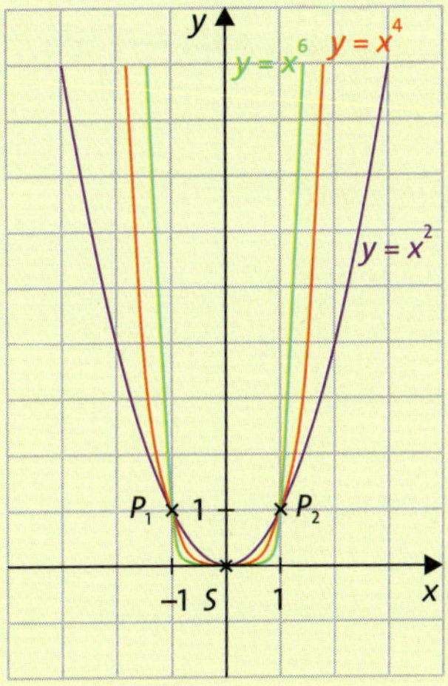

Vergleichen der Graphen

Beim Vergleich der drei Graphen stellst du folgende Gemeinsamkeiten fest:

- Definitionsbereich (Menge der x-Werte): $x \in \mathbb{R}$
- Wertebereich (Menge der y-Werte): $y \in \mathbb{R}$ und $y \geqq 0$
- Gemeinsame Punkte: Alle Graphen verlaufen durch die Punkte $P_1(-1;1)$; $P_2(1;1)$; $S(0;0)$.
- Verlauf der Graphen:
  Wenn $x < 0$ verlaufen die Graphen fallend.
  Wenn $x > 0$ verlaufen die Graphen steigend.
- Symmetrie:
  Alle Graphen sind achsensymmetrisch zur y-Achse.
  Bei Spiegelung an der y-Achse werden die Graphen auf sich selbst abgebildet.
- Nullstellen:
  Der Berührungspunkt des Graphen mit der x-Achse ist der Punkt (0;0). Die x-Koordinate dieses Punktes ist die Nullstelle: $x_0 = 0$.

! Festlegung: Die Graphen der Potenzfunktionen mit positiven Exponenten nennt man **Parabeln**. Der Punkt S(0;0) ist der **Scheitelpunkt** der Parabeln.

Folgende **weitere Eigenschaften** dieser Potenzfunktionen treten auf:
Außerhalb des Intervalls $-1 < x < +1$ verläuft der Graph **steiler**, zu dem die Funktionsgleichung mit dem **größeren** Exponenten gehört.
Im Intervall $-1 < x < +1$ liegt der Graph zur Funktion $y = x^6$ **unter** dem Graphen der Funktion $y = x^4$. Dieser wiederum liegt **unter** dem Graphen der Funktion $y = x^2$.
Alle Graphen liegen im **I.** und **II. Quadranten**.

B Potenzfunktionen mit ungeraden, positiven Exponenten

Beispiele: $y = x^3$; $y = x^5$; $y = x^7$
Die Funktion $y = x^1$ ist ein Sonderfall. Sie ist eine lineare Funktion, deren Graph keine Parabel, sondern eine Gerade ist.

Wertetabelle

x	−2	−1,5	−1	−0,5	−0,25	0	0,25	0,5	1	1,5	2
$y = x^3$	−8	−3,38	−1	−0,13	−0,02	0	0,02	0,13	1	3,38	8
$y = x^5$	−32	−7,59	−1	−0,03	−0,001	0	0,001	0,03	1	7,59	32
$y = x^7$	−128	−17,09	−1	−0,01	−0,00006	0	0,00006	0,01	1	17,09	128

Zeichnen der Graphen in das Koordinatensystem

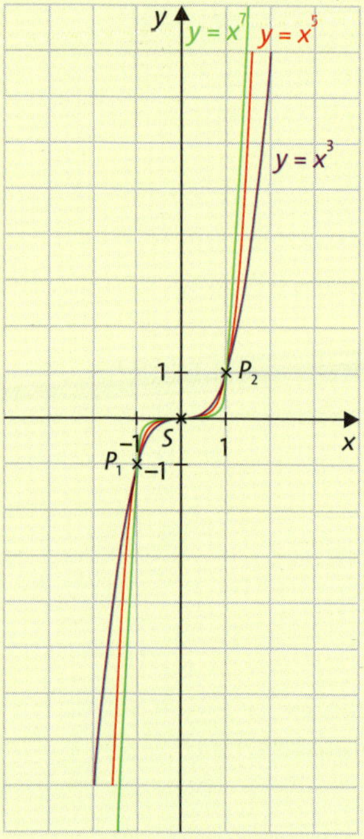

Vergleich der Graphen

- Definitionsbereich: $x \in \mathbb{R}$
- Wertebereich: $y \in \mathbb{R}$
- Gemeinsame Punkte: Alle Graphen verlaufen durch die Punkte $P_1(-1;-1)$; $P_2(1;1)$; $S(0;0)$.
- Verlauf der Graphen:
  Die Graphen verlaufen im gesamten Definitionsbereich steigend.
  Es muss stets gelten: Wenn $x_1 < x_2$, dann ist $y_1 < y_2$.
- Symmetrie:
  Die Graphen sind nicht achsensymmetrisch, sondern punktsymmetrisch. Der Punkt $S(0;0)$ ist der Symmetriepunkt. Diese Eigenschaft beinhaltet, dass der Graph bei einer Drehung um 180° um den Koordinatenursprung auf sich selbst abgebildet wird.
- Nullstellen:
  Bei $x_0 = 0$ liegt jeweils die Nullstelle.

Folgende **weitere Eigenschaften** dieser Potenzfunktionen treten auf:
Im Intervall $-1 < x < 0$ liegt der Graph der Funktion $y = x^7$ **über** dem Graphen der Funktion $y = x^5$. Im selben Intervall liegt der Graph zur Funktion $y = x^3$ **unter** den Graphen der Funktionen $y = x^5$ und $y = x^7$.
Im Intervall $0 < x < +1$ liegt der Graph zur Funktion $y = x^7$ **unter** dem Graphen der Funktion $y = x^5$. Im selben Intervall liegt der Graph zur Funktion $y = x^3$ **über** den Graphen der Funktionen $y = x^5$ und $y = x^7$.
Alle Graphen verlaufen vom **III.** in den **I. Quadranten**.

C Potenzfunktionen mit geraden, negativen Exponenten

Beispiele: $y = x^{-2}$; $y = x^{-4}$; $y = x^{-6}$

Wertetabelle

x	-2	-1	$-0{,}75$	$-0{,}5$	$0{,}5$	$0{,}75$	1	2
$y = x^{-2}$	0,25	1	1,78	4	4	1,78	1	0,25
$y = x^{-4}$	0,06	1	3,16	16	16	3,16	1	0,06
$y = x^{-6}$	0,02	1	5,62	64	64	5,62	1	0,02

Zeichnen der Graphen in das Koordinatensystem

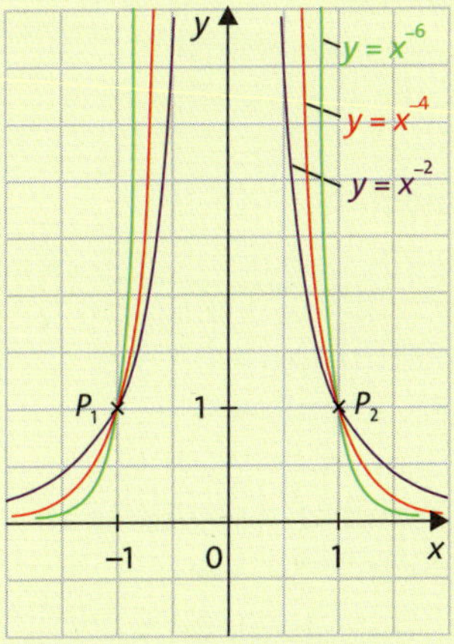

Vergleichen der Graphen

- Definitionsbereich: $x \in \mathbb{R}$, aber $x \neq 0$, denn die Division durch null ist nicht möglich.
- Wertebereich: $y \in \mathbb{R}$ und $y > 0$
- Gemeinsame Punkte: $P_1(-1;1)$; $P_2(1;1)$.
- Verlauf der Graphen:
  Wenn $x < 0$, dann **steigt** der Graph.
  Wenn $x > 0$, dann **fällt** der Graph.
- Symmetrie:
  Die Graphen sind **achsensymmetrisch** zur y-Achse.
- Nullstellen:
  Die Graphen schneiden bzw. berühren die x-Achse an keiner Stelle. Es gibt **keine** Nullstellen.

Folgende **weitere Eigenschaften** dieser Potenzfunktionen treten auf:
Die Graphen bestehen aus zwei Kurventeilen (Kurvenzügen), die **nicht** miteinander verbunden sind.
Die Graphen liegen im **I. Quadranten** und im **II. Quadranten**.
Im Intervall $-1 < x < +1$ verläuft der Graph um so **steiler**, je **größer** der Betrag des Exponenten ist.

! Festlegung: Die Graphen der Potenzfunktionen mit negativen Exponenten nennt man **Hyperbeln**. Die beiden Teile der Hyperbel heißen **Hyperbeläste**.

D Potenzfunktionen mit ungeraden, negativen Exponenten

Beispiele: $y = x^{-1}$; $y = x^{-3}$; $y = x^{-5}$

Wertetabelle

x	-2	-1	$-0{,}5$	$0{,}5$	1	2
$y = x^{-1}$	$-0{,}5$	-1	-2	2	1	$0{,}5$
$y = x^{-3}$	$-0{,}13$	-1	-8	8	1	$0{,}13$
$y = x^{-5}$	$-0{,}03$	-1	-32	32	1	$0{,}03$

Zeichnen der Graphen in das Koordinatensystem

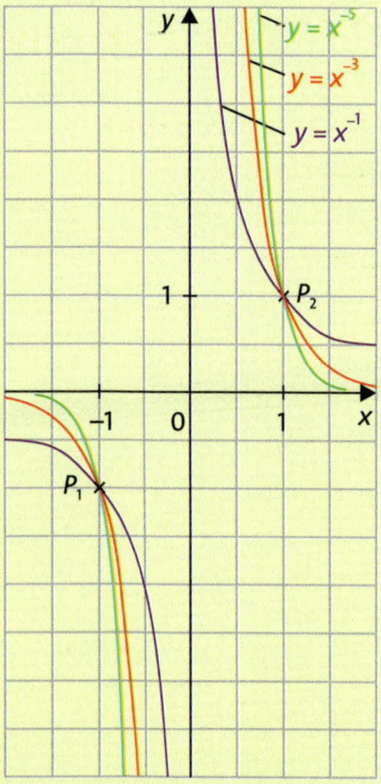

Vergleichen der Graphen

- Definitionsbereich: $x \in \mathbb{R}$, aber $x \neq 0$, denn die Division durch null ist nicht möglich.
- Wertebereich: $y \in \mathbb{R}$, aber $y \neq 0$
- Gemeinsame Punkte aller Graphen: $P_1(-1; -1)$; $P_2(1; 1)$
- Verlauf der Graphen:
  Wenn $x < 0$, dann **fällt** der Graph.
  Wenn $x > 0$, dann **fällt** der Graph.
- Symmetrie:
  Die Graphen sind **punktsymmetrisch** zum Koordinatenursprung.
- Nullstellen:
  Die Graphen schneiden bzw. berühren die x-Achse an **keiner** Stelle. Es gibt **keine** Nullstellen.

Folgende **weitere Eigenschaften** dieser Potenzfunktionen treten auf:
Die Graphen bestehen aus zwei Hyperbelästen, die **nicht** miteinander verbunden sind.
Die Graphen liegen im **I. Quadranten** und im **III. Quadranten**.

Übung 1

Ergänze die Tabelle.

	$y = x^{20}$	$y = x^{-94}$	$y = x^{-17}$
Wertebereich			
Besondere Punkte, durch die der Graph verläuft			
Nullstellen			
Verlauf: $x > 0$ $x < 0$			
Graph liegt in den Quadranten …			

Zusammenfassung

Präge dir besonders die grafischen Darstellungen zu den jeweiligen Funktionsgleichungen gut ein. Die anderen Eigenschaften kannst du dann recht leicht aus der Darstellung ablesen.

	gerader positiver Exponent	ungerader positiver Exponent
allgemeine Funktionsgleichung ($n \in \mathbb{N}$; $n \geqq 1$)	$f(x) = x^{2n}$	$f(x) = x^{2n+1}$
Beispiele	$f(x) = x^4$; $f(x) = x^{10}$	$f(x) = x^5$; $f(x) = x^{17}$
grafische Darstellung	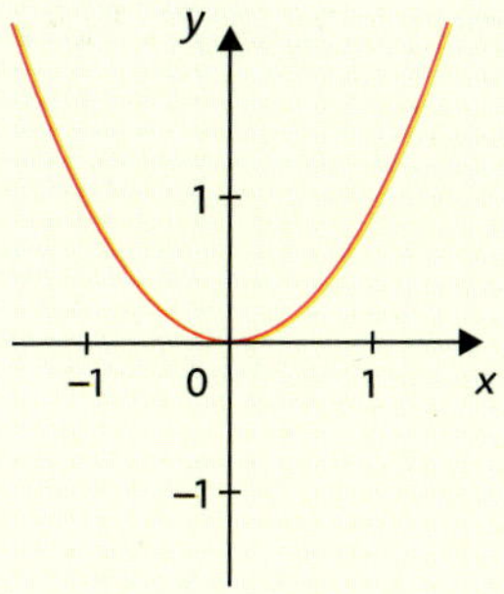	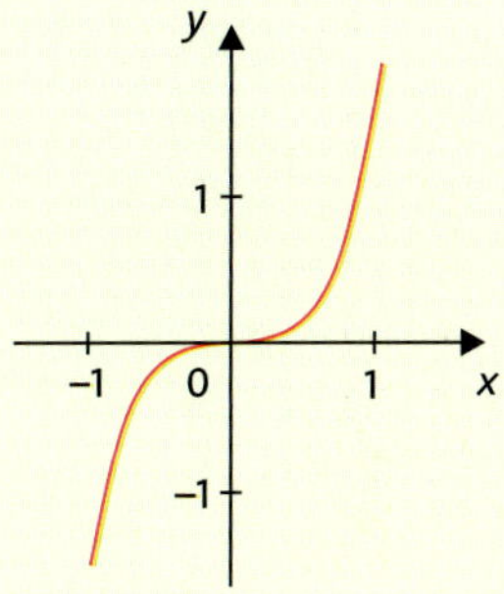
Definitionsbereich	$x \in \mathbb{R}$	$x \in \mathbb{R}$
Wertebereich	$y \in \mathbb{R}$; $y \geqq 0$	$y \in \mathbb{R}$
gemeinsame Punkte	(−1;1), (0;0), (1;1)	(−1;−1), (0;0), (1;1)
Monotonie	fallend für $x < 0$ steigend für $x > 0$	steigend für alle x
Nullstellen	$x_0 = 0$	$x_0 = 0$
Symmetrie	Achsensymmetrie (*y*-Achse ist Symmetrieachse)	Punktsymmetrie (Nullpunkt (0; 0) ist Symmetriepunkt)
Asymptoten[1]	keine	keine

[1] Eine Asymptote ist eine Gerade, an die sich eine Kurve immer mehr annähert, ohne sie je zu berühren.

	gerader negativer Exponent	ungerader negativer Exponent
allgemeine Funktionsgleichung ($n \in \mathbb{N}; n \geqq 1$)	$f(x) = x^{-2n}$	$f(x) = x^{-2n+1}$
Beispiele	$f(x) = x^{-2}; f(x) = x^{-8}$	$f(x) = x^{-1}; f(x) = x^{-7}$
grafische Darstellung	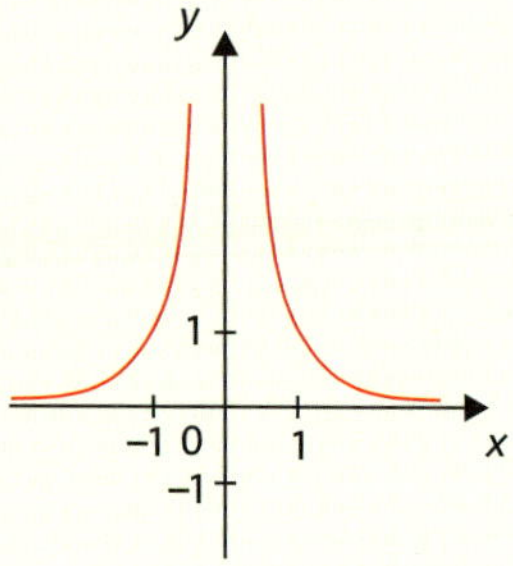	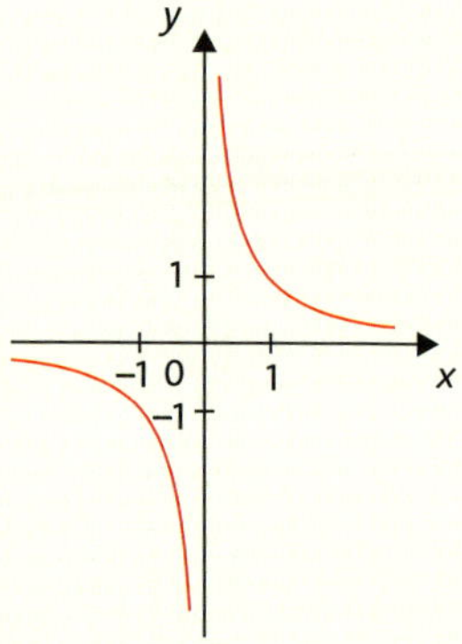
Definitionsbereich	$x \in \mathbb{R}; x \neq 0$	$x \in \mathbb{R}; x \neq 0$
Wertebereich	$y \in \mathbb{R}; y > 0$	$y \in \mathbb{R}; y \neq 0$
gemeinsame Punkte	(−1;1), (1;1)	(−1;−1), (1;1)
Monotonie	steigend für $x < 0$ fallend für $x > 0$	fallend für alle x ($x \neq 0$)
Nullstellen	keine	keine
Symmetrie	Achsensymmetrie (y-Achse ist Symmetrieachse)	Punktsymmetrie (Nullpunkt (0;0) ist Symmetriepunkt)
Asymptoten	x-Achse y-Achse	x-Achse y-Achse

2 Stauchung und Streckung von Potenzfunktionen

Bisher haben wir nur Potenzfunktionen der Form $f(x) = a \cdot x^2$ mit $a = 1$ betrachtet. Am Beispiel der quadratischen Funktion wollen wir feststellen, welchen Einfluss eine Veränderung des Faktors a auf die Gestalt und den Verlauf der Graphen zu dieser Funktion hat.

Übung 1

Vervollständige dazu die Wertetabelle.

x	-2	-1	$-0{,}5$	0	$0{,}5$	1	2
$y = 1 \cdot x^2$	4			0		1	
$y = 2 \cdot x^2$		2			0,5		8
$y = 3 \cdot x^2$	12	3			0,75		

Für $y = a \cdot x^2$ mit $a > 1$ gilt:

1. Wenn $a = 2$, dann sind bei gleichen x-Werten alle y-Werte zweimal so groß wie die zur Funktion $y = 1 \cdot x^2$ gehörenden y-Werte.
2. Wenn $a = 3$, dann sind bei gleichen x-Werten alle y-Werte dreimal so groß wie die zur Funktion $y = 1 \cdot x^2$ gehörenden y-Werte.

Übung 2

a) Zeichne dir ein ausreichend großes Koordinatensystem, und skizziere mit Hilfe der berechneten Wertepaare den Verlauf der Graphen der drei Funktionen. Den Graphen zur Funktion $y = 1 \cdot x^2$ zeichnest du mit Hilfe der Normalparabelschablone.

b) Vergleiche die gezeichneten Graphen miteinander. Wähle aus den angegebenen Begriffen die richtigen aus und setze sie in den Lückentext ein.

gestaucht
unverändert
gleich
größer
gestreckt
kleiner

Wenn $a > 1$ ist (z. B. 2; 3; 4,5; 7,2; …), dann sind die Graphen zur Funktion $y = a \cdot x^2$ im Vergleich zum Graphen der Funktion $y = 1 \cdot x^2$ ____________________, weil bei ____________________ x-Werten die y-Werte ______________________________ sind.

Was passiert nun, wenn der Faktor a eine Zahl zwischen 0 und 1 ist? Auch hierzu sehen wir uns am Beispiel an, welche Änderungen der Faktor a bewirkt.

Übung 3

Vervollständige dazu die Wertetabelle. Runde die errechneten Werte auf zwei Stellen nach dem Komma.

x	– 2	– 1	– 0,5	0	0,5	1	2
$y = 1 \cdot x^2$	4			0		1	
$y = \frac{1}{2} \cdot x^2$		0,5					
$y = 0{,}25 \cdot x^2$							

Für $y = a \cdot x^2$ mit $0 < a < 1$ gilt:

1. Wenn $a = 0{,}5$, dann sind bei gleichen x-Werten alle y-Werte nur halb so groß wie die zur Funktion $y = 1 \cdot x^2$ gehörenden y-Werte.
2. Wenn $a = 0{,}25$, dann sind bei gleichen x-Werten alle y-Werte nur ein Viertel so groß wie die zur Funktion $y = 1 \cdot x^2$ gehörenden y-Werte.

Übung 4

Zeichne auch zu diesen drei Funktionen die Graphen in ein Koordinatensystem. Vergleiche dann die gezeichneten Graphen miteinander. Wähle aus den in Übung 2 angegebenen Begriffen die richtigen aus, und setze sie in den Lückentext ein.
Wenn $0 < a < 1$ ist (z. B. 0,75; 0,5; 0,25; 0,1; …), dann sind die Graphen zur Funktion

$y = a \cdot x^2$ im Vergleich zum Graphen der Funktion $y = 1 \cdot x^2$ ________________, weil bei

________________ x-Werten die y-Werte ________________ sind.

Vergleiche nochmals die Graphen aus der Übung 2 mit den Graphen aus der Übung 4. Dir fällt jetzt sicher auf, welchen Einfluss der Faktor a auf die Gestalt der Graphen hat.

!

Der Graph einer quadratischen Funktion $y = a \cdot x^2$ ist im Vergleich zum Graphen der quadratischen Funktion $y = 1 \cdot x^2$ (Normalparabel):

- gestaucht, wenn $0 < a < 1$ ist oder
- gestreckt, wenn $a > 1$ ist.

Der Faktor a kann auch eine negative Zahl sein, so wie in der folgenden Übung.

Übung 5

Zeichne in dein Arbeitsheft die Graphen zu folgenden Funktionspaaren:

a) $y = 2 \cdot x^2$ und $y = -2 \cdot x^2$ **b)** $y = \frac{1}{2} \cdot x^2$ und $y = -\frac{1}{2} \cdot x^2$.

Verwende dabei für x die Werte aus den Wertetabellen der Übungen 1 und 3 auf den Seiten 33 und 34.

Wenn du richtig gearbeitet hast, wirst du feststellen, dass die Veränderung des Vorzeichens zu einer Spiegelung des Graphen an der *x*-Achse führt. Die Form des Graphen bleibt dabei unverändert.
Was du bezüglich des Faktors *a* für die quadratische Funktion als eine spezielle Potenzfunktion erkannt hast, gilt auch für jede andere Potenzfunktion.

Übung 6

Überprüfe diese Behauptung!
Vervollständige dazu die Wertetabelle und zeichne die Graphen.

x	-2	-1	$-0{,}5$	$0{,}5$	1	2
$y = x^{-1}$						0,5
$y = 2 \cdot x^{-1}$						1
$y = 0{,}5 \cdot x^{-1}$						0,25
$y = -2 \cdot x^{-1}$						–1

3 Potenzfunktionen mit rationalen Exponenten

Um die wesentlichsten Eigenschaften der Funktion: $y = f(x) = x^{\frac{m}{n}}$ ($m \in \mathbb{Z}$; $n \in \mathbb{N}$ und m kein Vielfaches von n) herauszufinden, schauen wir uns konkrete Beispiele an.
Zunächst musst du für den Exponenten folgende Fälle unterscheiden:

1. Fall: Der Exponent ist größer als null und kleiner als eins, also $0 < \frac{m}{n} < 1$.
   Dann muss gelten: $n > m > 0$.
   Beispiele: $y = f(x) = x^{\frac{1}{2}}$; $y = f(x) = x^{\frac{2}{5}}$; $y = f(x) = x^{\frac{3}{4}}$
2. Fall: Der Exponent ist größer als eins, also $1 < \frac{m}{n} < +\infty$.
   Dann muss gelten: $m > n > 0$.
   Beispiele: $y = f(x) = x^{\frac{6}{5}}$; $y = f(x) = x^{\frac{5}{2}}$; $y = f(x) = x^{\frac{3}{2}}$
3. Fall: Der Exponent ist kleiner als null, also $-\infty < \frac{m}{n} < 0$.
   Dann muss gelten: $m < 0$ und $n > 0$.
   Beispiele: $y = f(x) = x^{-\frac{1}{2}}$; $y = f(x) = x^{-\frac{5}{2}}$; $y = f(x) = x^{-\frac{1}{5}}$

Für jeden der drei Fälle werden wir Wertetabellen aufstellen und Funktionsgraphen zeichnen, um die gemeinsamen Eigenschaften abzulesen. Fall 1 soll dir als Beispiel dienen, Fall 2 und Fall 3 bearbeitest du selbst.

Beispielaufgabe

Zu **Fall 1**: Die Wertetabelle für die drei Funktionen sieht so aus (Werte sind auf zwei Stellen nach dem Komma gerundet):

x	0	0,25	0,5	0,75	1	2	3	4
$y_1 = x^{\frac{1}{2}} = \sqrt{x} = x^{0,5}$	0	0,5	0,71	0,87	1	1,41	1,73	2
$y_2 = x^{\frac{2}{5}} = \sqrt[5]{x^2} = x^{0,4}$	0	0,57	0,76	0,89	1	1,32	1,55	1,74
$y_3 = x^{\frac{3}{4}} = \sqrt[4]{x^3} = x^{0,75}$	0	0,35	0,59	0,81	1	1,69	2,28	2,83

Hier siehst du alle Funktionsgraphen im Koordinatensystem:

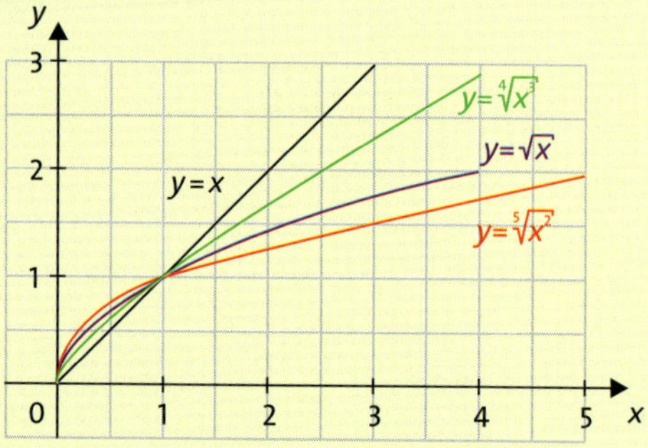

Wenn du die Graphen richtig eingezeichnet hast, dann kannst du folgende gemeinsame Eigenschaften feststellen:

1. Alle haben den Definitionsbereich: $x \in \mathbb{R}$ und $x \geqq 0$.
2. Alle haben den Wertebereich: $y \in \mathbb{R}$ und $y \geqq 0$.
3. Für alle x-Werte steigen die Graphen.
4. (0;0) und (1;1) sind gemeinsame Punkte.
5. Für $x < 1$: Die Graphen liegen über der Geraden $y = x$.
   Für $x > 1$: Die Graphen liegen unter der Geraden $y = x$.
6. Je mehr sich der Exponent $\frac{m}{n}$ der Zahl 1 nähert, um so enger liegt der Graph an der Geraden $y = x$.

Übung 1

Zu **Fall 2**: Berechne die fehlenden Funktionswerte und runde sie auf zwei Stellen nach dem Komma! Skizziere die Graphen!

x	0	0,25	0,5	0,75	1	1,5	2
$y_1 = x^{\frac{6}{5}} = \sqrt[5]{x^6} = x^{1,2}$	0				1		2,30
$y_2 = x^{\frac{5}{2}} = \sqrt{x^5} = x^{2,5}$		0,03		0,49		2,76	
$y_3 = x^{\frac{3}{2}} = \sqrt{x^3} = x^{1,5}$			0,35				2,83

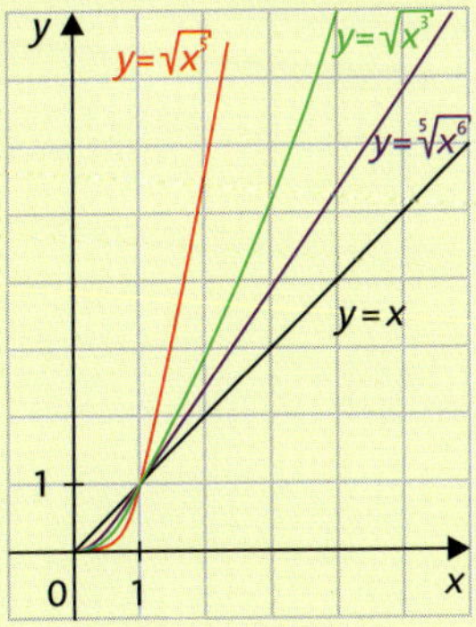

Alle drei Graphen haben wieder gemeinsame Eigenschaften:

1. Alle haben den Definitionsbereich: $x \in \mathbb{R}$ und $x \geqq 0$.
2. Alle haben den Wertebereich: $y \in \mathbb{R}$ und $y \geqq 0$.
3. Für alle x-Werte steigen die Graphen.
4. (0;0) und (1;1) sind gemeinsame Punkte.
5. Für $x < 1$ gilt: Die Graphen liegen unter der Geraden $y = x$.
   Für $x > 1$ gilt: Die Graphen liegen über der Geraden $y = x$.
6. Je mehr sich der Exponent $\frac{m}{n}$ der Zahl 1 nähert, um so enger liegt der Graph an der Geraden $y = x$.

Übung 2

Zu **Fall 3**: Vervollständige die Wertetabelle und skizziere die Graphen.

x	0	0,25	0,5	0,75	1	1,5	2	3
$y_1 = x^{-\frac{1}{2}} = \frac{1}{x^{\frac{1}{2}}} = \frac{1}{\sqrt{x}}$				1,15				0,58
$y_2 = x^{-\frac{5}{2}} = \frac{1}{x^{\frac{5}{2}}} = \frac{1}{\sqrt{x^5}}$			5,66		1		0,18	
$y_3 = x^{-\frac{1}{5}} = \frac{1}{x^{\frac{1}{5}}} = \frac{1}{\sqrt[5]{x}}$		1,32				0,92		

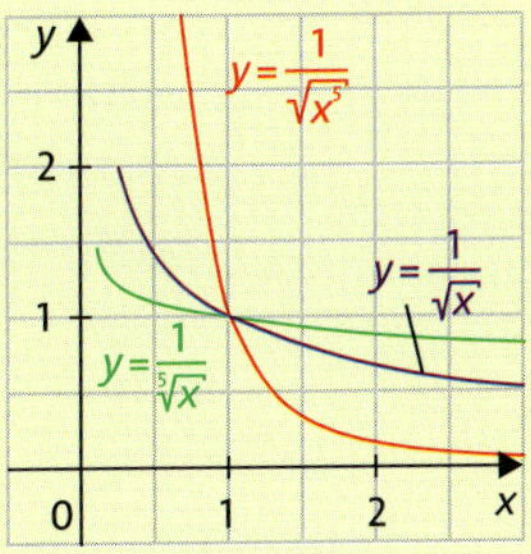

Auch die Graphen zu diesen Potenzfunktionen haben wieder gemeinsame Eigenschaften:

1. Alle haben den Definitionsbereich: $x \in \mathbb{R}$ und $x > 0$.
2. Alle haben den Wertebereich: $y \in \mathbb{R}$ und $y > 0$.
3. (1;1) ist ein gemeinsamer Punkt.
4. Für alle x-Werte fallen die Graphen.

Zusammenfassung der Graphen von Potenzfunktionen

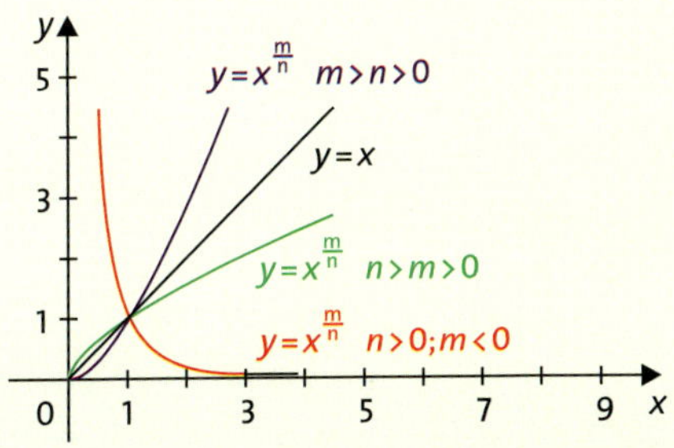

Übung 3

Ordne die Funktionsgleichungen in die Tabelle ein.

$y = x^{-1,3}; y = x^{\frac{10}{7}}; y = \sqrt[3]{x}; y = x^{-6,2}; y = x^{4,7}; y = \sqrt[4]{x^7}; y = x^{\frac{10}{11}}; y = \sqrt[5]{x}; y = x^{-2,5}$

Verlauf des Graphen im Koordinatensystem	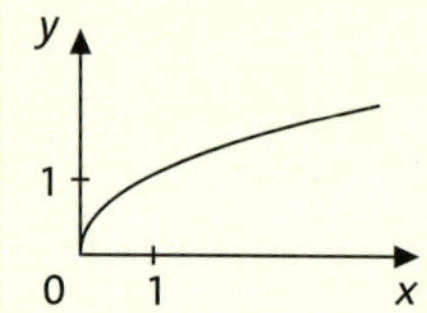	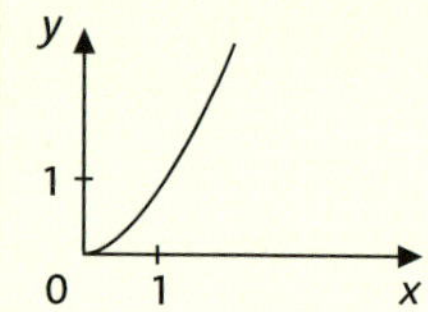	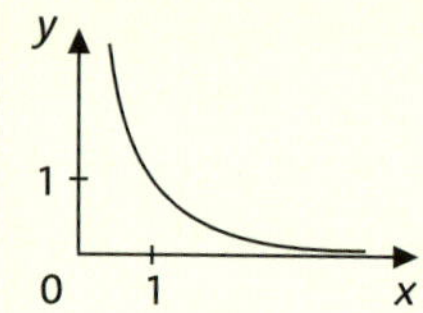
Funktions-gleichungen			

Übung 4

Zeichne ein Koordinatensystem (I. Quadrant ist ausreichend). Trage die Gerade $y = x$ ein. Skizziere in dem Koordinatensystem den Verlauf folgender Funktionen.

!

$y = f_1(x) = x^{5,2}$	$y = f_3(x) = x^{-3,5}$	$y = f_5(x) = x^{0,1}$
$y = f_2(x) = x^{\frac{15}{4}}$	$y = f_4(x) = x^{-\frac{3}{2}}$	$y = f_6(x) = x^{\frac{4}{5}}$

Beachte:
- Funktionen aus einem Kästchen verlaufen prinzipiell gleich.
- Alle sechs Funktionen haben einen Punkt gemeinsam.
- Überlege bei den zwei Funktionen aus einem Kästchen genau, welche im Bereich $0 < x < 1$ höher liegt und welche im Bereich $x > 1$ höher liegt.

4 Umkehrfunktionen – inverse Funktionen

Im Koordinatensystem sind die Graphen zu den Funktionen mit den Gleichungen $y = x^2$ und $y = x^{\frac{1}{2}} = \sqrt{x}$ dargestellt.
Von der Potenzfunktion mit der Gleichung $y = x^2$ ist der fallende Teil des Graphen gestrichelt gezeichnet. Ihn wollen wir an dieser Stelle nicht betrachten.

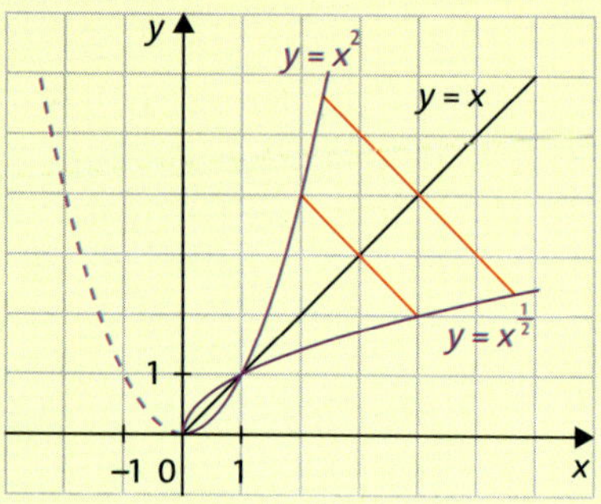

Beim Vergleich der beiden Graphen fällt dir sicher auf, dass diese ähnlich aussehen, aber in ihrer Krümmung entgegengesetzt verlaufen. Ferner kannst du vermuten, dass die Gerade $y = x$ eine Spiegelgerade ist.
Zur Überprüfung, ob diese Gerade tatsächlich eine Spiegelgerade ist, haben wir senkrecht zu dieser Geraden zwei Hilfslinien eingezeichnet. Ist auf diesen Hilfslinien der Abstand der Graphen zur Geraden $y = x$ jeweils gleich, dann ist diese Gerade eine Spiegelgerade. Miss die Abstände und vergleiche sie!
Zeichne zwei weitere Hilfslinien, die zu den gegebenen parallel verlaufen. Miss auch hier die Abstände und vergleiche sie!

Wenn du die beiden Funktionsgleichungen miteinander vergleichst, dann wirst du feststellen:

$y = x^2$ → Die Funktionswerte (y-Werte) für diese Funktion erhältst du, indem du die Argumente (x-Werte) **quadrierst**.

$y = \sqrt{x}$ → Die Funktionswerte (y-Werte) zu dieser Funktion erhältst du, indem du die Argumente (x-Werte) **radizierst** (Wurzelziehen).

Da das Radizieren eine Umkehroperation des Potenzierens ist, heißt die Funktion mit der Gleichung $y = \sqrt{x}$ Umkehrfunktion zur Funktion mit der Gleichung $y = x^2$ (mit $x \geqq 0$).
Eine wichtige Eigenschaft der Umkehrfunktion hast du bereits aus der grafischen Darstellung oben erkannt: Der Graph der Umkehrfunktion und der Graph der Funktion liegen symmetrisch zueinander mit der Symmetrieachse $y = x$.

Übung 1

An den Wertetabellen kannst du den Charakter der Umkehrfunktion deutlich erkennen. Vervollständige dazu die beiden Wertetabellen:

x	0	0,5	0,8	1	1,5	1,7	11
$y = x^2$							
x	0	0,25	0,64	1	2,25	2,89	121
$y = \sqrt{x}$							

Wenn du die y-Werte richtig berechnet hast, dann müssen bei beiden Funktionen die gleichen Wertepaare auftreten, aber die x-Werte sind mit den y-Werten **vertauscht**. Deshalb beschreibt (definiert) man die Umkehrfunktion so:

Ist f eine eineindeutige Funktion, so versteht man unter der Umkehrfunktion f^{-1} von f die Menge der geordneten Paare $(y;x)$ für die $(x;y) \in f$ gilt.
Zu Umkehrfunktionen sagt man auch **inverse** Funktionen.

Es gilt: Hat die Funktion f den Definitionsbereich A und den Wertebereich B, dann hat die Umkehrfunktion f^{-1} den Definitionsbereich B und den Wertebereich A.
Du musst dir eigentlich nur merken, dass bei der Umkehrfunktion der Definitionsbereich mit dem Wertebereich im Vergleich zur Ausgangsfunktion vertauscht wird.

Was sind eineindeutige Funktionen?
Eineindeutige Funktionen sind solche Funktionen, bei denen jedem x-Wert genau ein y-Wert und jedem y-Wert genau ein x-Wert zugeordnet ist.

Beispielaufgabe

$y = f(x) = x^2$ ist **keine** eineindeutige Funktion, weil z. B. dem Wert $y = 4$ nicht nur ein x-Wert, sondern zwei x-Werte zugeordnet sind.
$y = f(+2) = (+2)^2 = 4$ und $y = f(-2) = (-2)^2 = 4$
$y = f(x) = x^3$ ist **eine** eineindeutige Funktion, weil jedem y-Wert nur genau ein x-Wert zugeordnet wird.
$y = f(+2) = (+2)^3 = +8$ und $y = f(-2) = (-2)^3 = -8$

An beiden grafischen Darstellungen kannst du nochmals das Merkmal der eineindeutigen bzw. eindeutigen Funktion erkennen. Bei der eineindeutigen Funktion schneidet jede Parallele zur x-Achse den Graphen höchstens einmal.

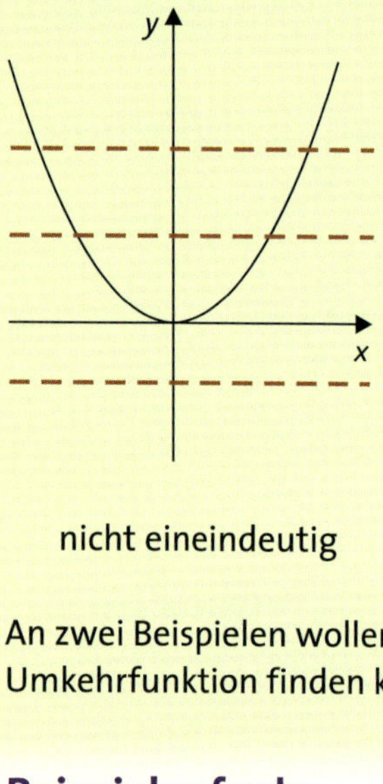

nicht eineindeutig

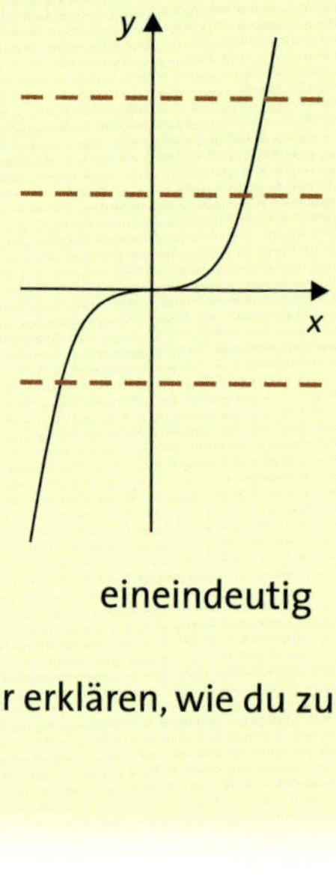

eineindeutig

An zwei Beispielen wollen wir dir erklären, wie du zu einer vorgegebenen Funktion ihre Umkehrfunktion finden kannst.

Beispielaufgabe

a) Gegeben ist die Funktion f mit der Funktionsgleichung $y = 4x - 3$. Dies ist zwar eine lineare Funktion, macht aber die Vorgehensweise für das Finden der Umkehrfunktion f^{-1} sehr deutlich.
1. Schritt: Löse die Gleichung nach x auf.
$f{:}\, y = 4x - 3 \quad | +3; :4$
$\frac{y+3}{4} = x$

2. Schritt: Vertausche die Variablen x und y.

$\frac{x+3}{4} = y$

$f^{-1}: y = \frac{x+3}{4} = \frac{x}{4} + \frac{3}{4}$

$f^{-1}: y = \frac{1}{4} \cdot x + \frac{3}{4}$

Das ist die Umkehrfunktion zur Funktion $y = 4x - 3$.

b) Gegeben ist die Funktion f mit der Funktionsgleichung $y = x^3 - 2$ für den Fall $x \geqq 0$ ($y \geqq -2$). Gesucht ist die Umkehrfunktion f^{-1}.

1. Schritt: Löse die Gleichung nach x auf.

$f: y = x^3 - 2 \quad | +2; \sqrt[3]{\ }$

$\sqrt[3]{y+2} = x$

Wegen $y \geqq -2$ ist die Wurzel immer definiert.

2. Schritt: Vertausche die Variablen x und y.

$\sqrt[3]{x+2} = y$

$f^{-1}: y = \sqrt[3]{x+2}$ mit $x = -2$ und $y = 0$

Das ist die Umkehrfunktion zur Funktion $y = x^3 - 2$.

Übung 2

Ermittle die Umkehrfunktionen zu den gegebenen Funktionen.

a) $y = x^2 + 5$ ($x \geqq 0$)

b) $y = 5 \cdot x^4 - 1$ ($x \geqq 0$)

c) $y = \frac{1}{2} \cdot x^3 + \frac{1}{2}$ ($x \geqq 0$)

d) $y = \frac{-2}{x} + 1$ ($x \neq 0$)

e) $y = \frac{1}{x} - 5$ ($x \neq 0$)

f) $y = \frac{1}{2} \cdot x^5 - \frac{3}{4}$ ($x \geqq 0$)

Zusammenfassung

Zu jeder eineindeutigen Funktion f gibt es eine Umkehrfunktion (inverse Funktion) f^{-1}.

Die Funktionsgleichung von f^{-1} erhält man durch Ausführung folgender Schritte:

- Funktionsgleichung der Funktion f nach x auflösen;
- Variablen x und y vertauschen.

Der Definitionsbereich von f ist der Wertebereich von f^{-1}.

Der Wertebereich von f ist der Definitionsbereich von f^{-1}.

Der Graph von f^{-1} ergibt sich durch Spiegelung des Graphen f an der Geraden mit der Gleichung $y = x$.

Exponential- und Logarithmusfunktionen

1 Eigenschaften und Graphen der Exponentialfunktionen

Nimm an, du hast einen Euro und eine gütige Fee sorgt dafür, dass sich dein Kapital jeden Tag verdoppelt. Wie viel Geld hast du dann nach 2; 3; *x* Tagen?

Startkapital: 1 €
Nach 1 Tag: 2 €
Nach 2 Tagen: $2 \cdot 2$ € = 2^2 € = 4 €
Nach 3 Tagen: $2 \cdot 2 \cdot 2$ € = 2^3 € = 8 €
Nach *x* Tagen: 2^x €

Dein Kapital von *y* € nach *x* Tagen lässt sich durch eine Funktion beschreiben: $y = 2^x$.
Da die Variable *x* im Exponenten steht, spricht man von einer **Exponentialfunktion** und von **exponentiellem Wachstum**.

!

Eine Funktion $y = a^x$ mit $a > 0$ heißt Exponentialfunktion.

Warum die Einschränkung $a > 0$? Für $a < 0$ wäre eine solche Funktion nicht für alle *x* definiert; z. B $(-2)^{\frac{1}{2}}$ ist nicht definiert.
Wir wollen nun einige Exponentialfunktionen näher betrachten.

Übung 1

Vervollständige die Wertetabelle und trage die Punkte, so weit möglich, in das folgende Koordinatensystem ein. Zwei Funktionen sind bereits vorgegeben.

x	-3	-2	-1	0	1	2	3
$y = 2^x$	$\frac{1}{8}$	$\frac{1}{4}$	$\frac{1}{2}$	1	2	4	8
$y = 3^x$							
$y = (\frac{1}{2})^x$	8	4	2	1	$\frac{1}{2}$	$\frac{1}{4}$	$\frac{1}{8}$
$y = (\frac{1}{3})^x$							

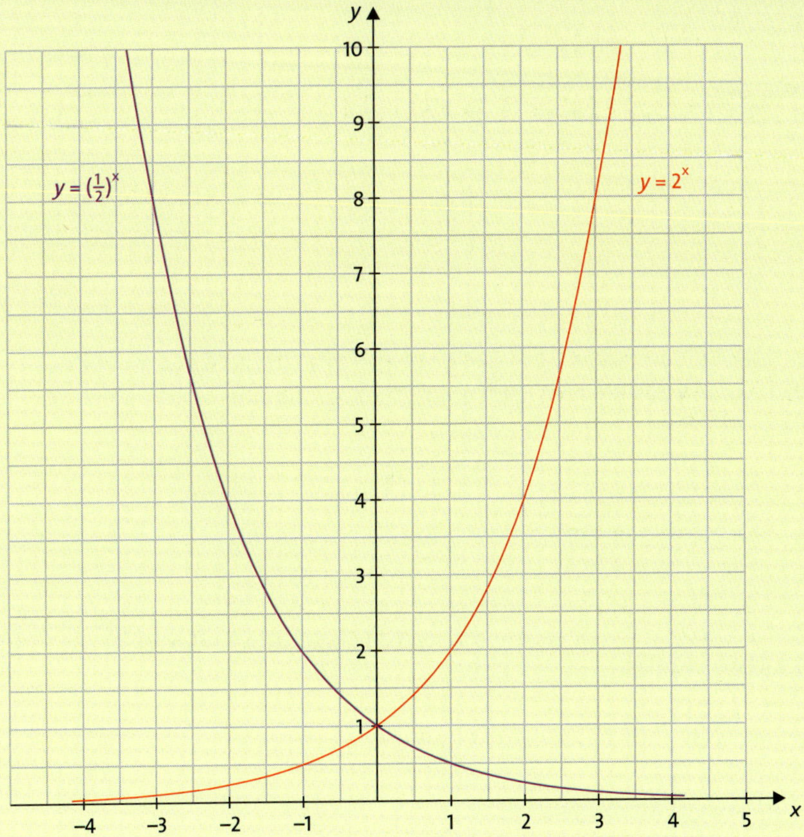

Die wesentlichen Eigenschaften dieser Exponentialfunktion sind:

- Eine Exponentialfunktion $y = a^x$, $a > 0$, $x \in \mathbb{R}$, nimmt nur positive Funktionswerte an.
- Alle Graphen haben den gemeinsamen Punkt (0;1).
- Für $a > 1$ steigt der Graph, für $0 < a < 1$ fällt der Graph.
- Die Graphen von $y = a^x$ und $y = \left(\frac{1}{a}\right)^x$ liegen symmetrisch zur x-Achse.
- Alle Graphen nähern sich der x-Achse an. Die x-Achse ist Asymptote.

Übung 2

Lege zu den folgenden Exponentialfunktionen Wertetabellen für $-2 \leqq x \leqq 2$ mit der Schrittweite 0,5 an und zeichne die Graphen jeweils in ein Koordinatensystem.

a) $y = \left(\frac{3}{2}\right)^x$ und $y = \left(\frac{2}{3}\right)^x$ **b)** $y = \left(\frac{5}{2}\right)^x$ und $y = \left(\frac{2}{5}\right)^x$ **c)** $y = 4^x$ und $y = \left(\frac{1}{4}\right)^x$

Übung 3

Entnimm den Graphen aus Übung 2 diejenigen x-Werte, für die $y = 2$ gilt.
Vorläufig können wir diese Werte nur grafisch bestimmen, aber noch nicht berechnen.

Übung 4

Bestimme a so, dass der Graph der Funktion $y = a^x$ durch den gegebenen Punkt geht.

a) $A(1;4)$ **b)** $B(2;3)$ **c)** $C(2;8)$ **d)** $D(-2;8)$ **e)** $E(-3;\frac{1}{27})$ **f)** $F(-1;1)$

2 Wachstums- und Abklingvorgänge

Unser Beispiel mit der Geldvermehrung (s. S. 42) war bereits ein Fall von exponentiellem Wachstum. Wir wollen das Beispiel noch etwas verallgemeinern. Der Anfangsbestand soll jetzt nicht 1 €, sondern 100 € betragen.

Startkapital: 100 €
Nach 1 Tag: $100 \cdot 2$ € $= 200$ €
Nach 2 Tagen: $100 \cdot 2^2$ € $= 400$ €
Nach 3 Tagen: $100 \cdot 2^3$ € $= 800$ €
Nach x Tagen: $100 \cdot 2^x$ €

Für das Kapital von y € nach x Tagen ergibt sich jetzt die Funktion $y = 100 \cdot 2^x$.
Dabei ist 100 der Anfangsbestand (bei $x = 0$) und 2 ist der Wachstumsfaktor.

> Auch die Funktion $y = b \cdot a^x$ ($a; b > 0$) heißt Exponentialfunktion.
> b ist der Bestand bei $x = 0$.
> Für $a > 1$ liegt ein Wachstumsvorgang vor.
> Für $0 < a < 1$ liegt ein Abklingvorgang oder Zerfallsvorgang vor.

Beispielaufgabe

Nehmen wir an, du wärst mit einem Startkapital von 100 € an eine böse Fee geraten, die dein Geld jeden Tag auf die Hälfte schrumpfen lässt.

Startkapital: 100 €
Nach 1 Tag: $100 \cdot \frac{1}{2}$ € $= 50$ €
Nach 2 Tagen: $100 \cdot \left(\frac{1}{2}\right)^2$ € $= 25$ €
Nach 3 Tagen: $100 \cdot \left(\frac{1}{2}\right)^3$ € $= 12{,}50$ €
Nach x Tagen: $100 \cdot \left(\frac{1}{2}\right)^x$ €

Für das Kapital von y € nach x Tagen ergibt sich jetzt die Funktion $y = 100 \cdot \left(\frac{1}{2}\right)^x$.
Zeichne den Graphen der Funktion in das folgende Koordinatensystem ein.

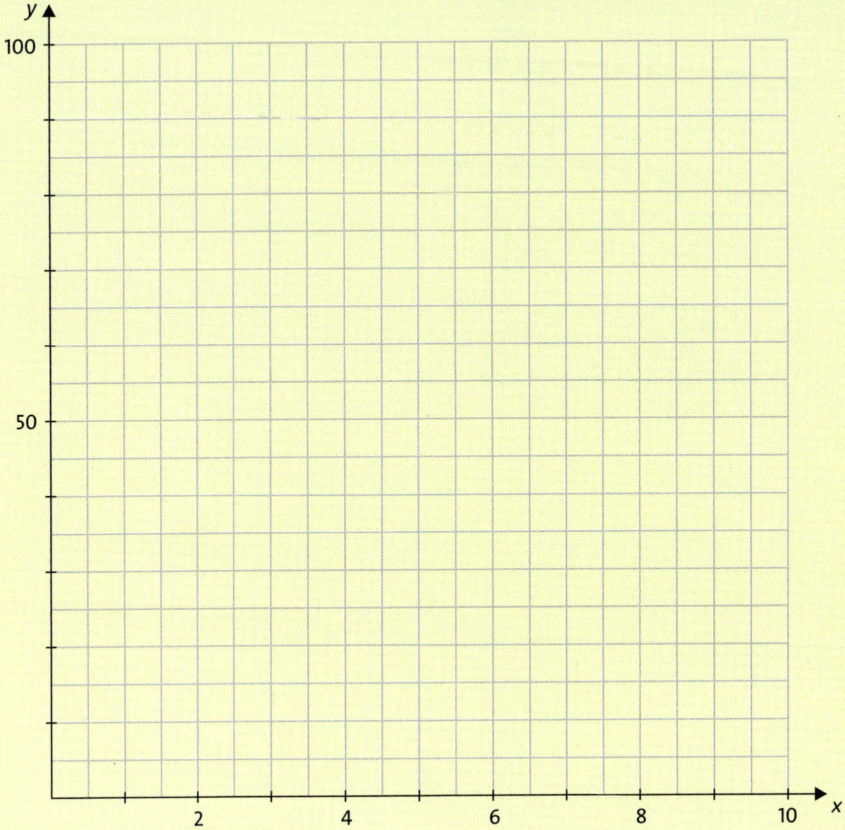

Die Zeit, in der ein Bestand auf die Hälfte schrumpft, heißt **Halbwertszeit**. Beim obigen Beispiel beträgt die Halbwertszeit 1 Tag.
Wenn man statt des Wachstumsfaktors a die Halbwertszeit t_H kennt, kann man einen exponentiellen Zerfall auch durch folgende Exponentialfunktion beschreiben:

$y = b \cdot \left(\frac{1}{2}\right)^x$ mit $x = \frac{t}{t_H}$
t_H ist die Halbwertszeit und b ist der Bestand zur Zeit $t = 0$.

Beispielaufgabe

In allen Lebewesen ist ein geringer Anteil an radioaktivem Kohlenstoff C14 vorhanden, der mit einer Halbwertszeit von 5730 a (a ≙ Jahre) zerfällt. Wie viel C14-Atome sind von ursprünglich 10^{20} C14-Atomen nach 1000 Jahren noch vorhanden?

$t_H = 5730\text{ a}$; $t = 1000\text{ a}$

$$x = \frac{1000\text{ a}}{5730\text{ a}} = 0{,}1745$$

Exponentialfunktion: $y = b \cdot (\frac{1}{2})^x = 10^{20} \cdot (\frac{1}{2})^{0{,}1745} = 9 \cdot 10^{19}$
(Ein möglicher Rechenablaufplan für den Taschenrechner wäre:
1 EXP 20 × 0,5 y^x 0,1745 =)
Es sind noch $9 \cdot 10^{19}$ C14-Atome vorhanden.
Durch Messung des C14-Gehalts kann man das Alter von historischem organischem Material (z. B. Mumien) bestimmen.

Übung 1

Die Einwohnerzahl einer Stadt wächst jährlich um 5%.
Zum Zeitpunkt $x = 0$ betrage sie 10 000.

a) Bestimme den Wachstumsfaktor (Welcher Faktor bewirkt eine Zunahme von 100% auf 105%?).

b) Bestimme die Exponentialfunktion $y = b \cdot a^x$ für die Einwohnerzahl y zum Zeitpunkt x Jahre.

c) Stelle eine Wertetabelle für x-Werte von -3 bis 10 auf und zeichne den Graphen der Funktion.
In solchen Fällen ist es üblich, für die x-Achse und die y-Achse verschiedene Maßstäbe anzunehmen.

d) Bestimme grafisch den Zeitpunkt, zu dem die Einwohnerzahl 12 000 betragen wird.

Übung 2

Licht wird beim Durchgang durch ein durchsichtiges Medium exponentiell geschwächt.
In einem bestimmten Medium beträgt die Schwächung 20% pro cm.
Die ursprüngliche Intensität des Lichts beträgt 100 (rel. Einheiten).

a) Bestimme den Faktor a für eine Schwächung von 100% auf 80%.

b) Bestimme die Exponentialfunktion $y = b \cdot a^x$ für die Intensität y des Lichts nach dem Durchgang durch x cm des Mediums.

c) Stelle eine Wertetabelle für x-Werte von 0 bis 10 auf und zeichne den Graphen der Funktion.

d) Bestimme grafisch die „Halbwertsdichte", d. h. die Strecke, in der die Intensität um 50% geschwächt wird.

Übung 3

Ein radioaktiver Stoff zerfällt mit einer Halbwertszeit von 100 Jahren. Bestimme den Anteil des Stoffes (in %), der nach 50; 100; 1000 Jahren noch vorhanden ist.

3 Der Logarithmus

In den Übungen hast du schon mehrmals Gleichungen der Form $a^x = b$ grafisch gelöst. Nun wollen wir versuchen, sie rechnerisch zu lösen. Dazu führen wir eine neue Bezeichnung ein. Den gesuchten Exponenten, also die Zahl mit der man *a* potenzieren muss, um *b* zu erhalten, nennen wir **Logarithmus**, und zwar: Logarithmus von *b* zur Basis *a*.

> Der Logarithmus von *b* zur Basis *a* ist die Zahl *r*, mit der man *a* potenzieren muss, um *b* zu erhalten.
> $a^r = b$ $(a; b \in \mathbb{R}^+; a \neq 1)$
> Man schreibt $r = \log_a b$ (lies: Logarithmus von *b* zur Basis *a*).

Die Einschränkungen, die wir für *a* und *b* gemacht haben $(a; b > 0; a \neq 1)$ sind notwendig, damit die Gleichung $a^r = b$ sicher eine Lösung hat. Nur für solche Werte ist der Logarithmus definiert.
Den Wert von $\log_a b$ erhält man mit der Frage: *a* hoch wie viel ergibt *b*?

Beispielaufgaben

a) $\log_2 8 = ?$ (2 hoch wie viel ergibt 8?) ⇒ $\log_2 8 = 3$

b) $\log_3 \frac{1}{3} = ?$ (3 hoch wie viel ergibt $\frac{1}{3}$?) ⇒ $\log_3 \frac{1}{3} = -1$

c) $\log_2 \sqrt{2} = ?$ (2 hoch wie viel ergibt $\sqrt{2}$?) ⇒ $\log_2 \sqrt{2} = \frac{1}{2}$

Ebenso erhält man:

> $\log_a a = 1$ $(a \in \mathbb{R}^+ \setminus \{1\})$
> $\log_a 1 = 0$

Ist ein Logarithmus immer eine rationale Zahl?
Für die Gleichung $2^x = 7$ gibt es keine rationale Lösung. $x = \log_2 7$ ist eine irrationale (reelle) Zahl, die man mit beliebiger Genauigkeit näherungsweise bestimmen kann.

Beispielaufgabe

Wir bestimmen durch Probieren einen Näherungswert für $\log_2 7$.
Wegen $2^2 = 4$ und $2^3 = 8$ muss die Lösung zwischen 2 und 3 liegen.

x	2,0	2,1	2,2	2,3	2,4	2,5	2,6	2,7	2,8	2,9	3,0
2^x	4										8

Wir erhalten: $\log_2 7 \approx 2{,}8$.
Wie man mit dem Taschenrechner einen viel genaueren Wert erhält, zeigen wir später.

Für einige Logarithmen mit bestimmten Basen gibt es besondere Bezeichnungen:

$\log_{10} b = \lg b$	dekadischer oder Zehnerlogarithmus
$\log_2 b = \text{lb}\, b = \text{ld}\, b$	binärer oder dualer Logarithmus
$\log_e b = \ln b$	natürlicher Logarithmus ($e = 2{,}71\ldots$)

Übung 1

Welche Logarithmen sind nicht definiert? Streiche sie durch.

a) $\log_{0,5} 10$ **b)** $\log_1 3$ **c)** $\log_2(-3)$ **d)** $\log_2\sqrt{2}$ **e)** $\log_{-2} 5$
f) $\log_{\frac{1}{3}} 3$ **g)** $\log_3 0$ **h)** $\log_5 5$ **i)** $\log_0 4$ **j)** $\log_2 5$

Übung 2

Berechne ohne Taschenrechner.

a) $\log_5 25$ **b)** $\lg 1000$ **c)** $\log_2 8$ **d)** $\log_8 1$ **e)** $\log_7 7$
f) $\log_3 3^{14}$ **g)** $\log_2 64$ **h)** $\log_3 27$ **i)** $\log_2 1024$ **j)** $\log_5 5$

Übung 3

Berechne ohne Taschenrechner. Beachte: $\frac{1}{a^n} = a^{-n}$.

a) $\log_2 \frac{1}{2}$ **b)** $\log_3 \frac{1}{9}$ **c)** $\log_4 \frac{1}{16}$ **d)** $\lg \frac{1}{100}$
e) $\lg 0{,}001$ **f)** $\log_7 \frac{1}{49}$ **g)** $\log_a \frac{1}{a^m}$ **h)** $\lg 10^{-14}$

Übung 4

Berechne ohne Taschenrechner. Beachte: $\sqrt[n]{a^m} = a^{\frac{m}{n}}$

a) $\log_2\sqrt{2}$ **b)** $\log_7\sqrt{\sqrt{2}}$ **c)** $\log_5\sqrt[3]{5}$ **d)** $\log_{\sqrt{a}}\sqrt{a}$
e) $\log_3\sqrt[3]{3^2}$ **f)** $\log_7\sqrt[4]{7^3}$ **g)** $\lg\sqrt{1000}$ **h)** $\log_5\sqrt{\sqrt[3]{2}}$

Übung 5

Berechne wie in der Beispielaufgabe einen Näherungswert mit einer Dezimale.

a) $\log_3 8$ **b)** $\lg 160$

Übung 6

Mit der Taste [log] des Taschenrechners kann man Zehnerlogarithmen berechnen. Berechne und runde auf drei Dezimalen.

a) $\lg 0{,}01$ **b)** $\lg 160$ **c)** $\lg 360\,000$

4 Logarithmusfunktionen

Wir können nun die Umkehrfunktion einer Exponentialfunktion bilden. Wir gehen aus von der Funktion $f: y = a^x$ mit $a > 0$. Damit die Funktion eindeutig und damit umkehrbar ist, müssen wir den Fall $a = 1$ ausschließen. Also:

$f: y = a^x$ mit $a > 0$ und $a \neq 1$; $\mathbb{D}_f = \mathbb{R}$, $\mathbb{W}_f = \mathbb{R}^+$

Nach x auflösen: $x = \log_a y$

x und y vertauschen: $f^{-1}: y = \log_a x$; $\mathbb{D}_{f^{-1}} = \mathbb{R}^+$, $\mathbb{W}_{f^{-1}} = \mathbb{R}$

Eine solche Funktion heißt **Logarithmusfunktion**.

> Eine Funktion $y = \log_a x$ mit $a > 0$; $a \neq 1$ und $x \in \mathbb{R}^+$ heißt Logarithmusfunktion.
> Sie ist die Umkehrfunktion einer Exponentialfunktion $y = a^x$.

Beispielaufgabe

Wir betrachten die Funktion f: $y = 2^x$ und ihre Umkehrfunktion f^{-1}.

a) $\mathbb{D} = \mathbb{R}$, $\mathbb{W} = \mathbb{R}^+$

b) $P(-2;\frac{1}{4})$, $Q(0;1)$, $R(1;2)$, und $S(2;4)$ liegen auf dem Graphen von f. Durch Spiegeln der Punkte P, Q, R, S an der Winkelhalbierenden des I. und III. Quadranten erhält man die Punkte P', Q', R', S' der Umkehrfunktion. Ihre Koordinaten sind $P'(\frac{1}{4};-2)$, $Q'(1;0)$, $R'(2;1)$, $S'(4;2)$.

c) Die Funktion f ist umkehrbar, weil sie eineindeutig ist.

d) Die Gleichung der Umkehrfunktion lautet f^{-1}: $y = \log_2 x$.

e) $\mathbb{D}_{f^{-1}} = \mathbb{R}^+$, $\mathbb{W}_{f^{-1}} = \mathbb{R}$

f) Im Koordinatensystem erkennen wir:
Die x-Achse ist Asymptote des Graphen von f.
Die y-Achse ist Asymptote des Graphen von f^{-1}.

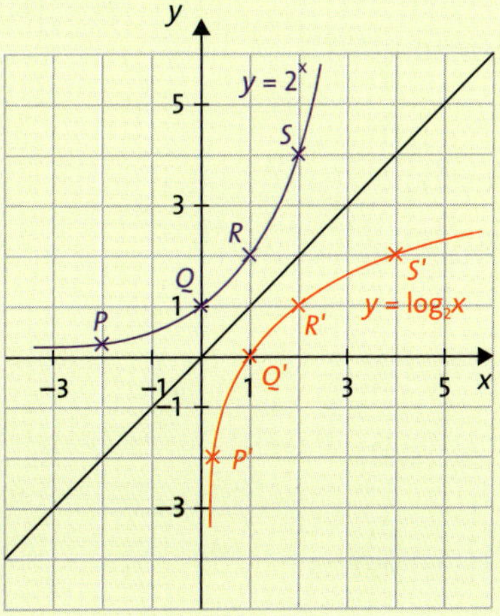

Übung 1

Bestimme die Umkehrfunktion f^{-1} zur gegebenen Funktion f und zeichne die Graphen von Funktion und Umkehrfunktion in ein Koordinatensystem $(-2 \leqq x \leqq -10; -2 \leqq y \leqq 10)$.

a) $y = 1{,}5^x$ **b)** $y = 4^x$ **c)** $y = 10^x$ **d)** $y = \log_3 x$

5 Rechenregeln für Logarithmen

Übung 1

Bestimme mit dem Taschenrechner (3 Dezimalen) folgende Logarithmen und versuche, einen Zusammenhang zwischen ihnen zu finden:
$\lg 2$, $\lg 3$, $\lg 6$, $\lg \frac{2}{3}$, $\lg \frac{3}{2}$, $\lg 2^2$, $\lg 2^3$.

Möglicherweise bist du folgenden Rechenregeln für Logarithmen auf die Spur gekommen:

$$\log_a(u \cdot v) = \log_a u + \log_a v$$

$$\log_a \frac{u}{v} = \log_a u - \log_a v$$

$$\log_a(u^r) = r \cdot \log_a u$$

Für die Berechnung von beliebigen Logarithmen mit dem Taschenrechner ist folgende Umrechnungsformel nützlich:

$$\log_a b = \frac{\lg b}{\lg a}$$

Beispielaufgabe

$\log_2 7 = \frac{\lg 7}{\lg 2} \approx 2{,}807$

Übung 2

Forme so um, dass im Ergebnis außer $\log_a 2$ und $\log_a 3$ keine anderen Logarithmen vorkommen. Beispiel: $\log_a 6 = \log_a 2 + \log_a 3$

a) $\log_a \frac{1}{2}$ **b)** $\log_a \frac{1}{3}$ **c)** $\log_a \frac{1}{6}$ **d)** $\log_a 12$ **e)** $\log_a 18$

f) $\log_a 27$ **g)** $\log_a 32$ **h)** $\log_a 36$ **i)** $\log_a \frac{4}{9}$ **j)** $\log_a 3^{-7}$

Übung 3

Berechne mit dem Taschenrechner (3 Dezimalen).

a) $\log_7 20$ **b)** $\log_3 0{,}04$ **c)** $\log_2 100$ **d)** $\log_7 \frac{3{,}7}{2{,}8 \cdot 4{,}11}$

e) $10 \cdot \log_2 \frac{3}{7}$ **f)** $10^{\frac{3}{2}} \cdot \log_2(1{,}88 \cdot 4{,}5)$ **g)** $\lg\left(3{,}7 + \frac{4{,}8}{11{,}2}\right)$

Übung 4

Gib die Lösungsmenge an ($G = \mathbb{R}$).
Beispiel: $\log_2 x = 4 \Rightarrow 2^4 = x \Rightarrow L = \{16\}$

a) $\lg x = -2$ **b)** $\log_3 x = 4$ **c)** $\lg(x + 2) = 3$ **d)** $\lg(3x - 2) = -1$

Kreis – Umfang und Flächeninhalt

1 Kreisumfang und Kreiszahl π

Es gibt keine langen und kurzen, keine dicken und dünnen Kreise. Es gibt nur eine Sorte Kreis! Verschiedene Kreise sind Vergrößerungen oder Verkleinerungen voneinander. Das Verhältnis von Umfang u und Durchmesser d ist für alle Kreise gleich. Dieses Verhältnis heißt **Kreiszahl π**.

! Alle Kreise sind einander ähnlich: $\frac{u}{d} = \pi$ bzw. $u = 2\pi r$.

Kreiszahl π – für Praktiker
Praktiker haben mit π kein großes Problem. Sie suchen sich kreisförmige Gegenstände, messen Umfang und Durchmesser und stellen fest: $\frac{u}{d} \approx 3{,}14$.

Kreiszahl π – für Mathematiker
Mathematiker tun sich wieder einmal schwerer! Sie pirschen sich über regelmäßige Vielecke an den Kreis heran, denn je größer die Eckenzahl, desto weniger unterscheiden sich Vieleck und Kreis – die Bilderfolge unten zeigt es!

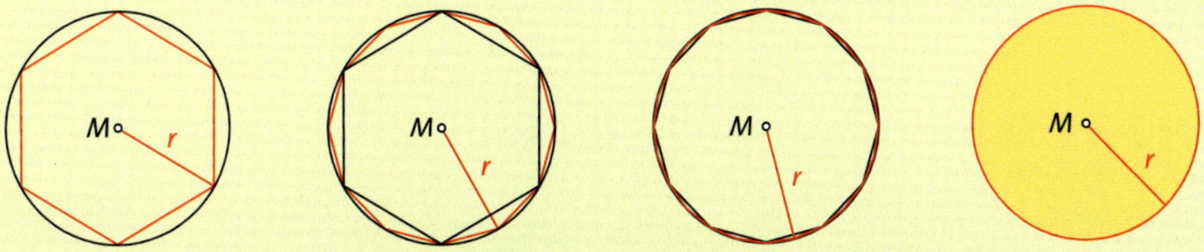

Wir geben die Formeln für die Seitenlänge s_n des regelmäßigen n-Ecks ohne Herleitung an. Die begleitende Rechnung führt zur Kreiszahl π.

1. Für ein regelmäßiges 6-Eck ist $s_6 = r$.
2. Für das regelmäßige 12-Eck ist $s_{12} = r\sqrt{2-\sqrt{3}}$.
3. Und weiter

$$s_{24} = r\sqrt{2-\sqrt{2+\sqrt{3}}}$$

$$s_{48} = r\sqrt{2-\sqrt{2+\sqrt{2+\sqrt{3}}}}$$

$$s_{96} = r\sqrt{2-\sqrt{2+\sqrt{2+\sqrt{2+\sqrt{3}}}}}$$

$$s_{192} = r\sqrt{2-\sqrt{2+\sqrt{2+\sqrt{2+\sqrt{2+\sqrt{3}}}}}} \quad \text{usw.}$$

Man erhält:

n	s_n	$\frac{u_n}{d} = \frac{n \cdot s_n}{2r}$
6	r	3
12	$0{,}5176\,r$	3,1058
24	$0{,}2611\,r$	3,1326
48	$0{,}1308\,r$	3,1394
96	$0{,}0654\,r$	3,1410
192	$0{,}0327\,r$	3,1415
…	…	…

Dein Taschenrechner hat eine eigene Taste (oder SHIFT-Funktion) für die Zahl π. Probiere sie aus. Du erhältst: 3,1415927…

Beispielaufgabe

Welchen Umfang hat ein Kreis mit dem Radius 50 cm?
$u = 2\pi r = 100\pi$ cm (exakte Antwort)
$u \approx 314$ cm (für praktische Zwecke)

2 Kreisfläche

Mit folgender Methode kann man die Herleitung der Formel für die Kreisfläche anschaulich machen:

1. Die Kreisfläche wird zerschnitten – ähnlich wie eine Torte; dann werden die Teile neu aneinander gefügt (s. S. 53 Bild 1).
2. Man schneidet feiner und legt neu zusammen (s. S. 53 Bild 2).
3. Noch feiner und noch feiner…
4. Man erkennt: Je feiner die Zerteilung, desto genauer füllen die Kreisteile ein Rechteck aus. Das heißt:

Die **Kreisfläche** ist inhaltsgleich zu einem Rechteck, das gebildet wird aus Kreisradius und halbem Kreisumfang.

$A_K = \frac{1}{2} u \cdot r$
oder wegen $u = 2\pi r$

Kreisfläche: $A_K = \pi r^2$

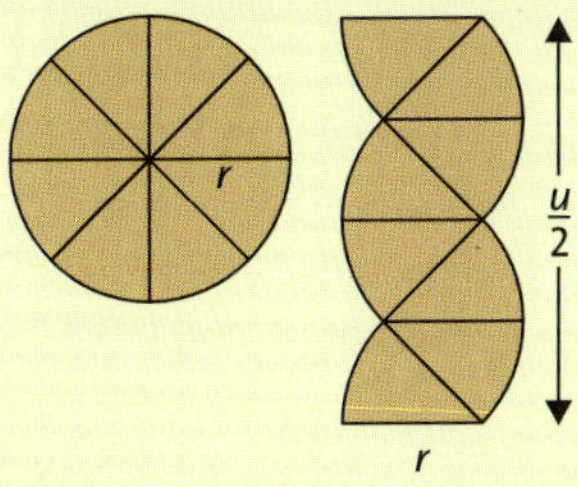

Bild 1

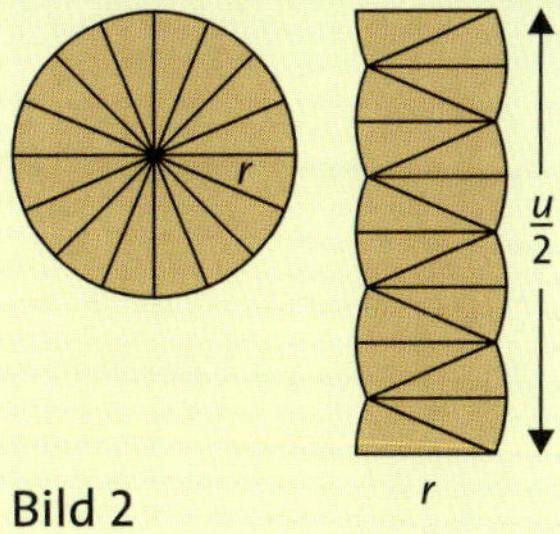

Bild 2

Beispielaufgabe

Ein Kreis mit dem Radius 5 (LE) hat die Fläche $A_K = 25\pi$ (FE) oder $A_K \approx 78{,}5$ (FE).

3 Kreissektor

Ein Kreissektor ist ein Bruchteil eines Kreises. Dies gilt sowohl für die Sektorfläche A_S als auch für die Bogenlänge b. Der Anteil des ganzen Kreises ist gegeben durch $\frac{\alpha}{360°}$:

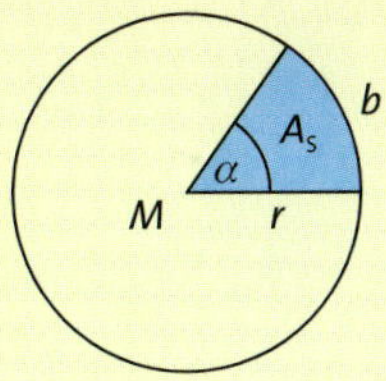

Sektorfläche: $A_S = \frac{\alpha}{360°} \cdot A_K = \frac{\alpha}{360°} \cdot \pi r^2$

Bogenlänge: $b = \frac{\alpha}{360°} \cdot u = \frac{\alpha}{360°} \cdot 2\pi r$

Beispielaufgabe

Für einen Kreissektor mit dem Radius 5 (LE) und dem Mittelpunktswinkel 60° gilt:

$A_S = \frac{60°}{360°} \cdot \pi \cdot 25 = \frac{25}{6}\pi \approx 13{,}1$ (FE)

$b = \frac{60°}{360°} \cdot 2\pi \cdot 5 = \frac{5}{3}\pi \approx 5{,}2$ (LE)

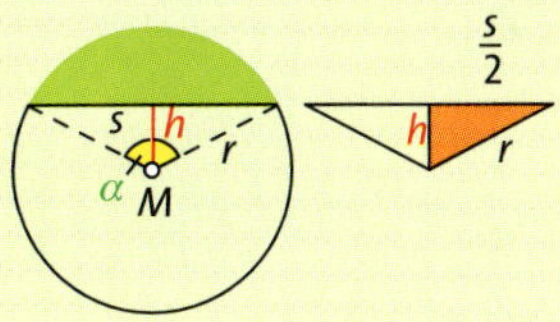

Kreissegment

Ein Kreissektor lässt sich in ein **Kreissegment** und ein Dreieck zerlegen (s. Abb.). Der Flächeninhalt des Segments ist deshalb:

$A_{SG} = A_S - A_\triangle = \frac{\alpha}{360°}\pi r^2 - \frac{1}{2}sh$

Beispielaufgabe

Für ein Kreissegment mit Radius r und $\alpha = 90°$ gilt:

$$A_{SG} = A_S - A_\triangle = \frac{1}{4}\pi r^2 - \frac{1}{2} r^2$$

$$A_{SG} = \frac{1}{4} r^2 (\pi - 2)$$

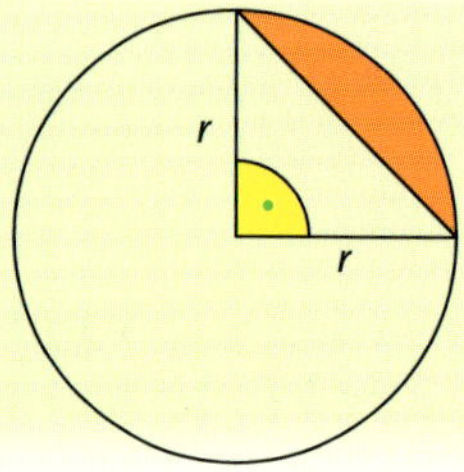

Übung 1

Welcher der folgenden Näherungswerte weicht am wenigsten vom genauen Wert der Kreiszahl π ab?
$\sqrt{10}$; $\frac{22}{7}$; 3,14; $3\frac{1}{8}$; $3\frac{1}{5}$

Übung 2

Berechne Umfang und Flächeninhalt eines Kreises, dessen Radius der Erdradius (6370 km) ist.

Übung 3

Berechne die fehlenden Größen eines Kreissektors.

	a)	b)	c)	d)	e)
r	10	10	10		
α	30°			45°	45°
b		5π		π	
A			20π		$\frac{\pi}{2}$

Übung 4

Berechne die Segmentfläche mit $r = 15{,}0$ m (Näherungswert mit 3 geltenden Ziffern).

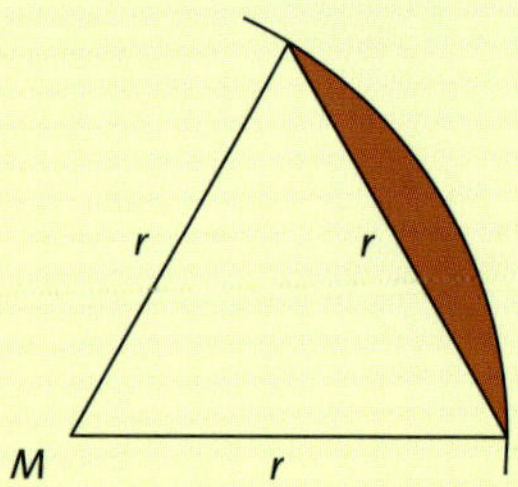

Geometrische Körper

1 Zylinder

!

Ein Zylinder wird begrenzt von drei Flächen:

1. der Grund- und Deckfläche – zwei parallel zueinander liegenden, deckungsgleichen Kreisflächen sowie
2. der Mantelfläche – sie wird aus parallelen Strecken gebildet, die die Grund- und Deckfläche miteinander verbinden.

Ein Zylinder heißt **gerade**, wenn Grund- und Mantelfläche senkrecht aufeinander stehen, sonst heißt er **schief**.

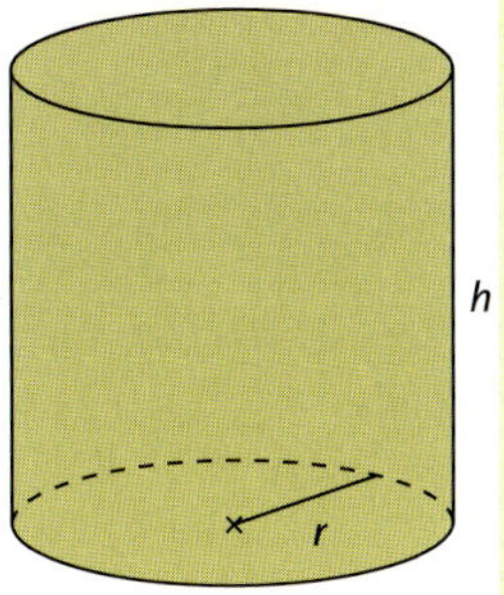

A Oberfläche

Wir behandeln nur **gerade** Zylinder.

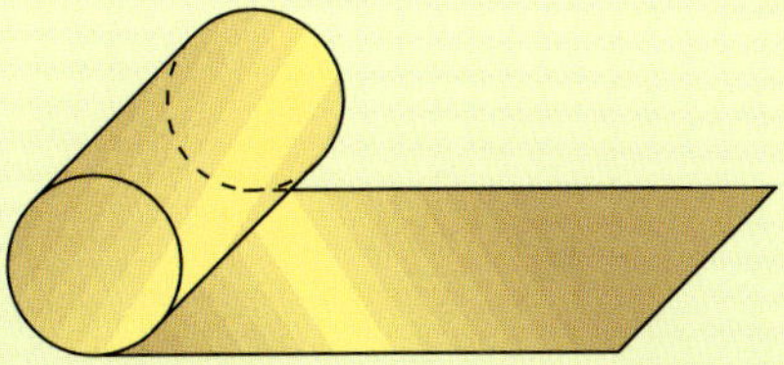

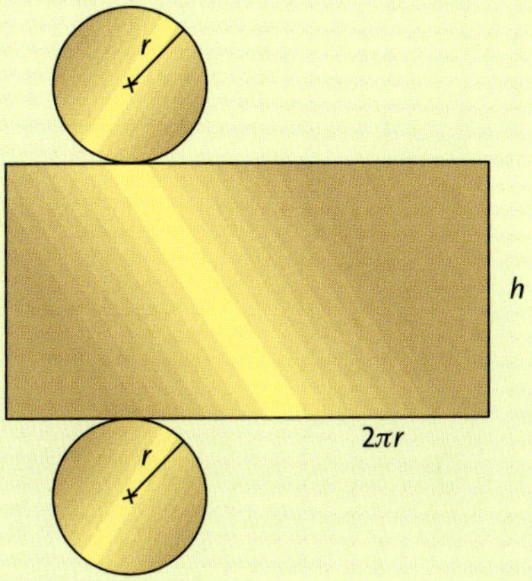

Die Oberfläche stellt sich am deutlichsten dar, wenn der Zylinder in die Ebene abgerollt wird.

Die Oberfläche besteht aus zwei deckungsgleichen Kreisen und dem Mantel, einem Rechteck.

Die rechteckige Mantelfläche lässt sich leicht beschreiben: Eine Seitenlänge ist so groß wie die Höhe h des Zylinders. Die andere Seitenlänge ist so groß wie der Umfang $2\pi r$ des Grundkreises. Für die Oberfläche eines geraden Zylinders gilt demnach:
Oberfläche = Grundfläche + Deckfläche + Mantelfläche.

$O = 2 \cdot G + M$
$O = 2\pi r^2 + 2\pi rh$

B Volumen

Ein Zylinder hat das gleiche Volumen wie ein Quader mit gleicher Grundfläche G und gleicher Höhe h.

Volumen = Grundfläche · Höhe
$V = G \cdot h$
$V = \pi r^2 h$

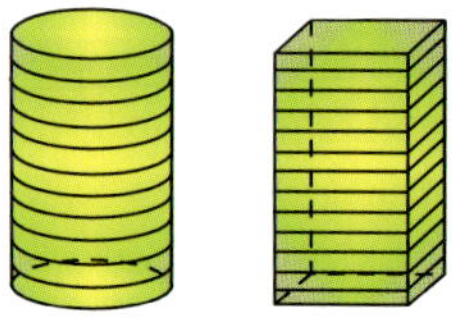

Übung 1

In einem Verkaufskatalog finden sich Angaben über Kochtöpfe.
Überprüfe und korrigiere die Volumenangaben.

	a)	b)	c)	d)
Durchmesser d	16 cm	20 cm	22 cm	28 cm
Höhe h	14 cm	18 cm	20 cm	24 cm
Volumen V	2,5 l	5,5 l	7,5 l	14,5 l

Übung 2

Der Durchmesser einer Kerze beträgt 4 cm, ihre Höhe 12 cm. Mit der gleichen Menge Wachs soll eine Kerze vom Durchmesser 8 cm geformt werden. Wie hoch ist die Kerze?

Übung 3

Die abgebildete Säule ist aus einer quadratischen Säule entstanden. Die Bogen der Deckfläche sind Viertelkreise.

a) Wie groß ist die Mantelfläche?
b) Wie groß ist die Oberfläche?
c) Wie groß ist das Volumen?

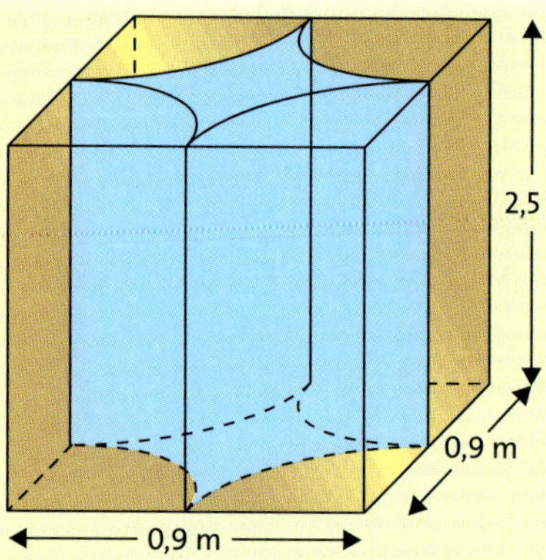

Übung 4

Ein DIN-A4-Blatt ist 21 cm breit und 29,7 cm hoch. Ein solches Blatt kannst du auf zwei unterschiedliche Weisen zu einem Zylindermantel formen. Wie groß sind die Volumina? Haben beide Zylinder gleiches Volumen?

Übung 5

Eine Plakatsäule ist 2,80 m hoch und hat den Durchmesser 1,50 m.

a) Wie groß ist die Fläche, die für Plakate zur Verfügung steht?

b) Mit wie vielen Plakaten der Breite 80 cm und der Höhe 1,20 m kann die Säule beklebt werden?

2 Kegel

So kannst du einen Kegel herstellen:

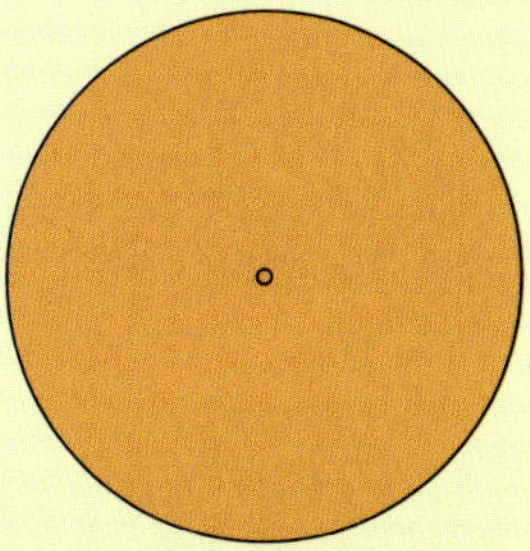

Nimm einen Karton und zeichne einen Kreis.

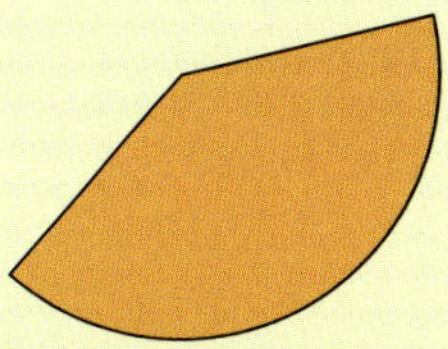

Schneide einen Kreissektor aus, ein Teil wie ein Tortenstück.

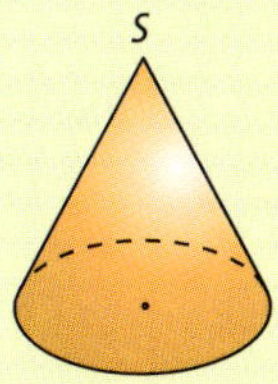

Biege und klebe. Passe die Grundfläche ein. Fertig!

Du erkennst:

> Ein Kreiskegel ist bestimmt durch die Kegelspitze S und einen Kreis, der S nicht enthält. Die Kegelfläche entsteht, wenn eine durch S gehende Gerade längs der Kreislinie entlanggleitet.

Der Punkt S ist die **Spitze**, der Kreis die **Grundfläche** G des Kegels. Die von der Spitze S zur Kreislinie verlaufenden Geradenstücke erzeugen den Kegel. Sie heißen **Mantellinien**. Liegen Kegelspitze und Kreismittelpunkt senkrecht übereinander, dann heißt der Kegel **gerade**, sonst **schief**.

A Oberfläche

Die Oberfläche O eines Kegels ist aus zwei Teilen zusammengesetzt: der Grundfläche G und der Mantelfläche M.
Es ist deshalb: $O = G + M$.

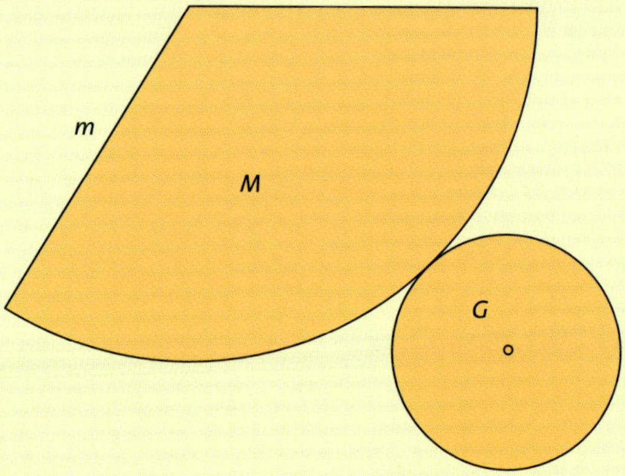

Für die Oberfläche des Kegels gilt:
$O = G + M$
$O = \pi r^2 + \pi r m$

Wer die Kegelhöhe h der Mantellinie m vorzieht – kein Problem! Ein Senkrechtschnitt durch die Kegelspitze S klärt den Zusammenhang zwischen h und m:
$m^2 = h^2 + r^2$ bzw. $m = \sqrt{h^2 + r^2}$.
Also gilt: $O = \pi r^2 + \pi r \cdot \sqrt{h^2 + r^2}$.

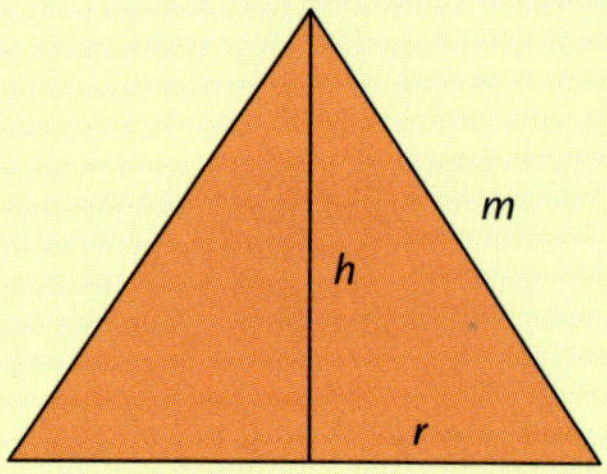

B Volumen

Das Volumen eines Kegels ist genauso groß wie das einer Pyramide, falls Kegel und Pyramide in Höhe und Grundfläche übereinstimmen. Somit gilt:

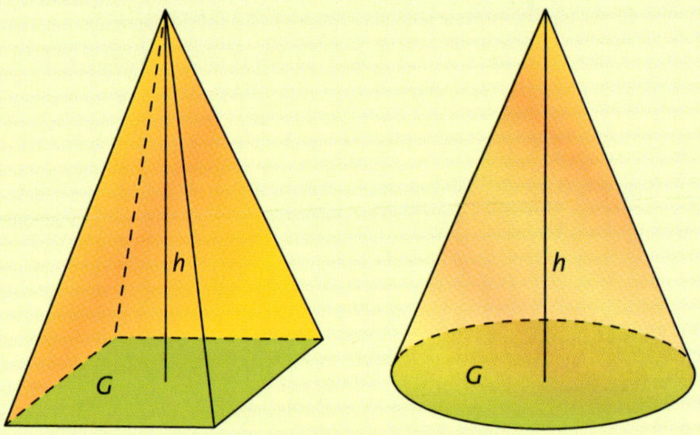

$V = \frac{1}{3} G \cdot h$ bzw. $V = \frac{1}{3} \pi r^2 h$.

Beispielaufgabe

Aus einem Kreissektor mit dem Radius $m = 12$ cm und dem Mittelpunktswinkel $\alpha = 120°$ wird ein Kegelmantel geformt.

a) Welchen Radius hat der Grundkreis?

b) Wie groß ist die Kegeloberfläche?

c) Wie groß ist das Kegelvolumen?

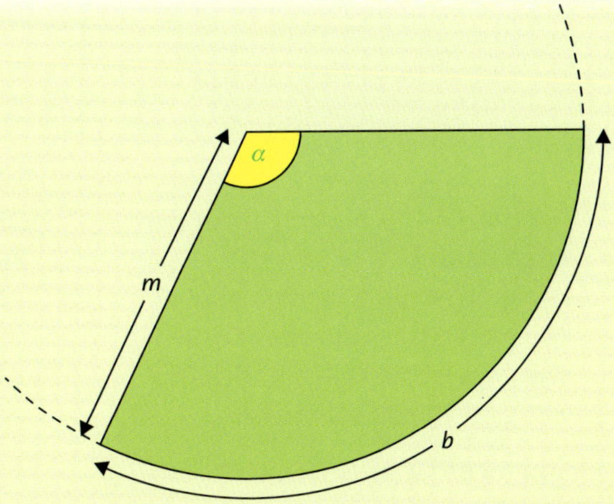

Zu **a)** Der Sektorbogen b ist ein Drittel des Kreisumfangs, weil der Mittelpunktswinkel α ein Drittel des Vollwinkels ist: $b = \frac{\alpha}{360°} 2\pi m = \frac{1}{3} 2\pi m$.
Der Sektorbogen b ist außerdem gleichzeitig Grundkreisumfang: $b = 2\pi r$.
Beide Gleichungen ergeben: $\frac{1}{3} 2\pi m = 2\pi r$ bzw. $\frac{1}{3} m = r$.

Dann gilt für den Grundkreisradius r: $r = \frac{m}{3} = \frac{12\text{cm}}{3} = 4$ cm.

Zu **b)** Die Kegeloberfläche setzt sich zusammen aus Grund- und Mantelfläche: $O = G + M$. Alle notwendigen Größen sind bekannt.

Berechnung der Grundfläche:
Sie ist ein Kreis mit Radius r.
$G = \pi r^2$
$G = \pi \cdot 16\ \text{cm}^2$

Berechnung der Mantelfläche:
Es ist ein Teil eines Kreises mit Radius m.
$M = \pi r m$
$M = \pi \cdot 4\ \text{cm} \cdot 12\ \text{cm}$
$M = \pi \cdot 48\ \text{cm}^2$

$O = \pi \cdot 16\ \text{cm}^2 + \pi \cdot 48\ \text{cm}^2$
$O \approx 201\ \text{cm}^2$

Zu **c)** Das Volumen des Kegels setzt sich zusammen aus Grundfläche und Höhe: $V = \frac{1}{3} G \cdot h$. Die Grundfläche ist bereits aus Aufgabe b) bekannt. Die Höhe h zeigt sich bei einem Schnitt durch die Spitze S in wahrer Größe. Und sie lässt sich mit dem PYTHAGORAS berechnen.

$h^2 = m^2 - r^2$
$h = \sqrt{144\ \text{cm}^2 - 16\ \text{cm}^2}$
$h = \sqrt{128\ \text{cm}^2}$
$V = \frac{1}{3} \cdot \pi \cdot 16\ \text{cm}^2 \cdot \sqrt{128\ \text{cm}^2}$
$V \approx 189\ \text{cm}^3$

Übung 1

a)

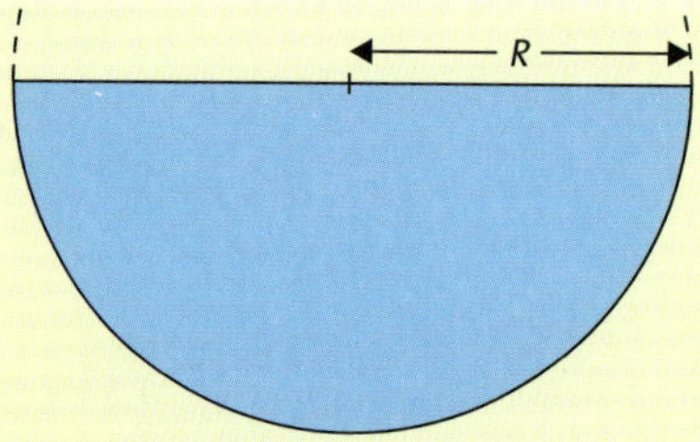

Der Halbkreis ($R = 6$ cm) bildet den Kegelmantel.
Wie groß ist der Grundkreisradius?
Wie groß ist die Höhe des Kegels?
Wie groß ist die Kegeloberfläche?
Wie groß ist das Volumen?

b)

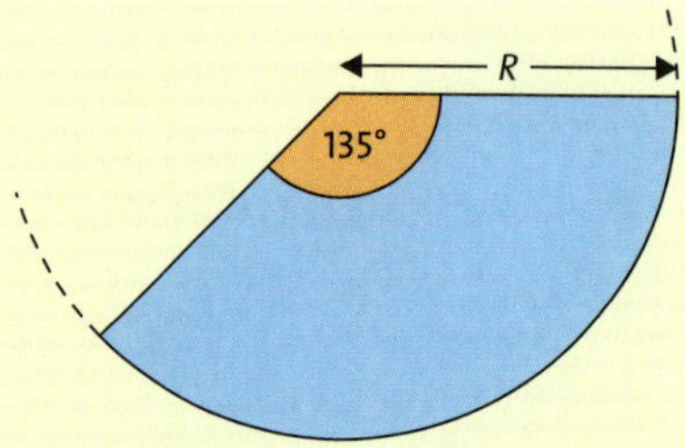

Der Kreissektor ($R = 6$ cm) bildet den Kegelmantel.
Wie groß ist der Grundkreisradius?
Wie groß ist die Höhe des Kegels?
Wie groß ist die Kegeloberfläche?
Wie groß ist das Volumen?

Übung 2

Bei einem Kegel ist $r = 6$ cm und $h = 18$ cm. Wie verändert sich das Volumen, wenn

a) bei gleichem Radius r die Höhe h verdoppelt wird,
b) bei gleichem Radius r die Höhe h halbiert wird,
c) bei gleicher Höhe h der Radius r verdoppelt wird,
d) bei gleicher Höhe h der Radius r halbiert wird?

Übung 3

Berechne die fehlenden Größen eines geraden Kegels.

	a)	b)	c)	d)
Grundkreisradius r	10 cm	5 cm		
Höhe h	10 cm			24 cm
Mantellinie m		13 cm		
Mantelfläche M			136π cm^2	
Oberfläche O			200π cm^2	
Volumen V				392π cm^3

Übung 4

Die Abbildung zeigt einen Schnitt durch die Kegelachse.

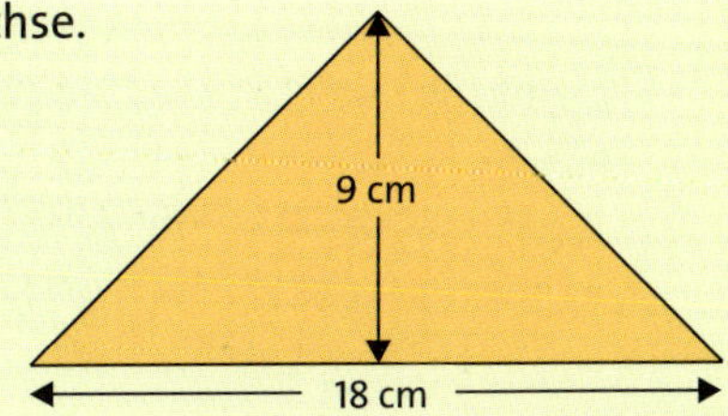

a) Wie groß ist das Volumen dieses Kegels?
b) Wie groß ist die Oberfläche dieses Kegels?
c) Schneide aus Papier den Mantel dieses Kegels zurecht. Wie groß muss der Radius für den Kreissektor sein? Wie groß muss der Sektorwinkel sein?

Übung 5

Ein kegelförmiger Messbecher ist 12 cm hoch, der obere Durchmesser beträgt 20 cm.

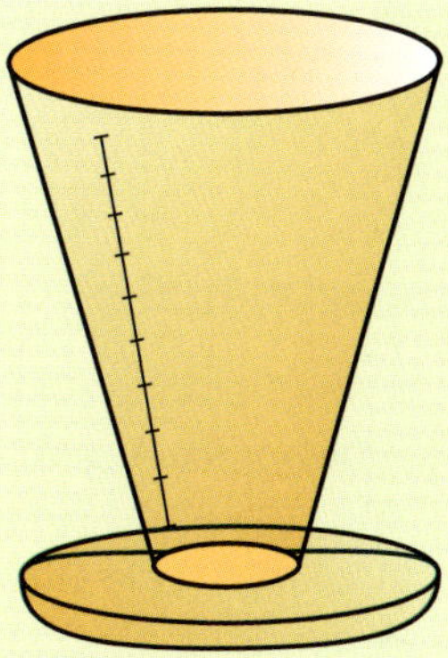

a) Wie groß ist das Fassungsvermögen dieses Messbechers?
b) Es sollen Eichstriche für 100 cm^3, 200 cm^3, 300 cm^3, …, 1000 cm^3 angebracht werden. Begründe – ohne Rechnung – warum diese Eichstriche auf keinen Fall abstandsgleich sein dürfen.
c) In welcher Höhe ist der Eichstrich für 1000 cm^3 anzubringen?
(Bedenke: Mit zunehmender Höhe nimmt auch der Radius zu.)

3 Kugel

Die Kugel – sie ist eines der regelmäßigsten geometrischen Gebilde.
Sie hat keine Ecken, keine Kanten. Bei ihr gibt es weder Grund- noch Seitenflächen. Ihre Oberfläche ist an keiner Stelle eben, sie ist vielmehr überall in vollkommen gleicher Weise gekrümmt. Deswegen lassen sich auch Kugeln nicht wie viele andere Körper aus einem Kartonbogen basteln.

! Die Kugel ist ein Körper und wird begrenzt durch die Kugelfläche.
Alle Punkte der Kugelfläche sind von einem festen Punkt *M* gleich weit entfernt.

M ist der Kugelmittelpunkt. Die konstante Entfernung ist der Radius *r* der Kugel. Du kannst dir auch eine Kugel durch Rotation eines Kreises um den Durchmesser entstanden denken.

A Oberfläche

Für die Oberfläche einer Kugel mit Radius r gilt:

$O = 4 \cdot \pi r^2$

B Volumen

Für das Volumen einer Kugel mit dem Radius r gilt:

$V = \frac{4}{3} \pi r^3$

Beispielaufgabe

Aus einem Tropfen Seifenlösung vom Durchmesser 5 mm wird eine Seifenblase vom Durchmesser 10 cm gebildet.

a) Wie groß ist das Volumen des Tropfens?
b) Wie groß ist die Oberfläche des Tropfens?
c) Wie groß ist die Oberfläche der Seifenblase?

Deine Überlegung	Deine Rechnung
Zu **a)** Der Tropfen hat Kugelform:	$V = \frac{4}{3} r^3 \pi$
Der Tropfenradius ist $r = 2{,}5$ mm.	$V = \frac{4}{3} (2{,}5 \text{ mm})^3 \pi = 65{,}4 \text{ mm}^3$
Zu **b)** Der Tropfen hat Kugelform, klar!	$O = 4r^2\pi$ $O = 4\,(2{,}5 \text{ mm})^2\pi = 78{,}5 \text{ mm}^2$
Zu **c)** Die Seifenblase – auch sie hat Kugelform. Ihr Radius ist freilich ein ganz anderer als der des Tropfens!	$O = 4\,\text{R}^2\pi$ $O = 4\,(5 \text{ cm})^2\pi = 314 \text{ cm}^2$

Übung 1

Berechne die fehlenden Größen einer Kugel.

	a)	b)	c)	d)
Radius r	7 cm	0,3 dm		
Oberfläche O			2826 m²	
Volumen V				150,46 cm³

Übung 2

Ein Luftballon wird zu einer immer größeren Kugel aufgeblasen. Wie groß sind Oberfläche und Volumen, wenn der Ballondurchmesser folgende Werte annimmt:

a) 5 cm **b)** 10 cm **c)** 20 cm

Übung 3

In welchem Würfel ist mehr freier Raum?

a)

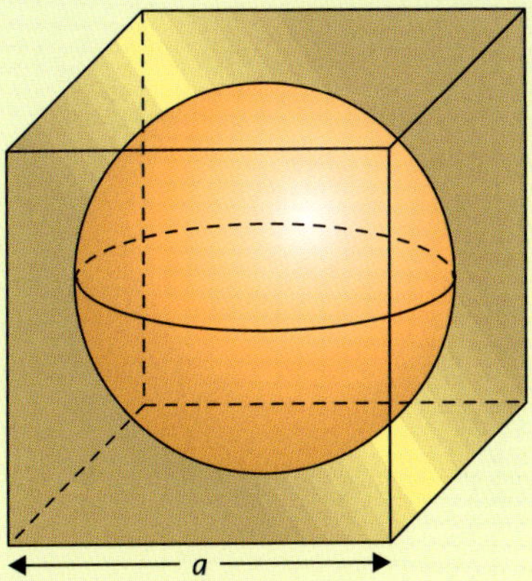

b)

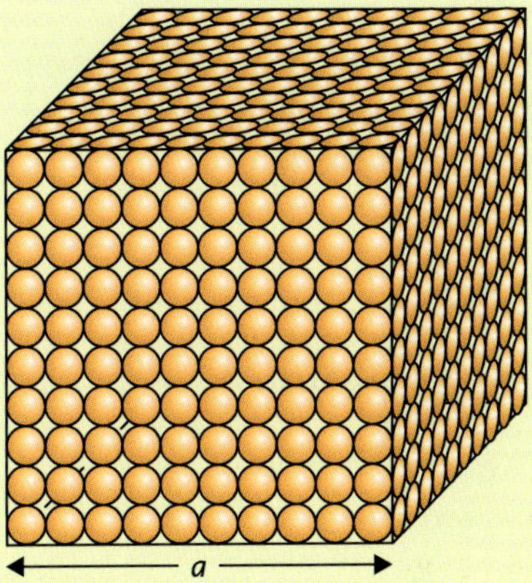

Übung 4

Ein Heißluftballon wird mit Warmluft gefüllt und hat schließlich einen Durchmesser von 18 m. Wie viel Liter Luft enthält der gefüllte Ballon?

Übung 5

a) Ein Tetraeder (eine Pyramide mit 4 gleichseitigen Dreiecken als Begrenzungsflächen), ein Würfel und eine Kugel haben das gleiche Volumen $V = 6\ m^3$.

a1) Wie groß ist die Kantenlänge von Tetraeder und Würfel, wie groß ist der Radius der Kugel?

a2) Wie groß sind ihre Oberflächen?

b) Ein Tetraeder, ein Würfel und eine Kugel haben die gleiche Oberfläche $O = 6\ m^2$.

b1) Wie groß ist die Kantenlänge von Tetraeder und Würfel, wie groß ist der Radius der Kugel?

b2) Wie groß sind ihre Volumina?

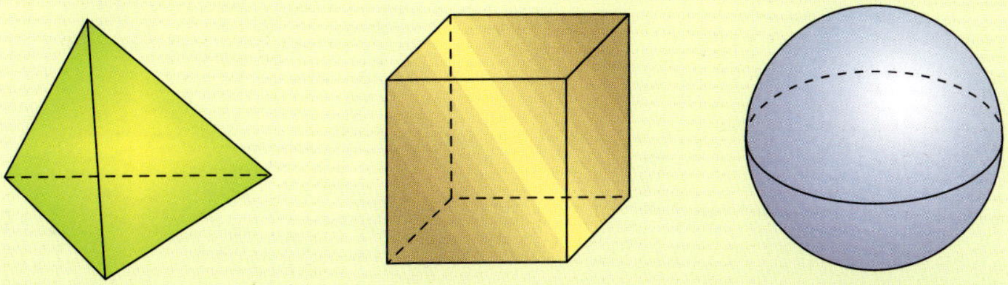

Übung 6

Der Erdumfang beträgt rund 40 000 km. Wir fassen die Erde als Kugel auf.

a) Wie groß ist der Erdradius?

b) Wie groß ist das Volumen der Erde?

c) Die Erdoberfläche ist zu $\frac{2}{3}$ von Meeren bedeckt, nur $\frac{1}{3}$ ist Land.
Wie groß ist die Landfläche, wie groß ist die Meeresfläche?

Übung 7

a) Aus einem Würfel der Kantenlänge a = 15 cm wird eine möglichst große Kugel hergestellt.
Wie groß ist der Abfall?

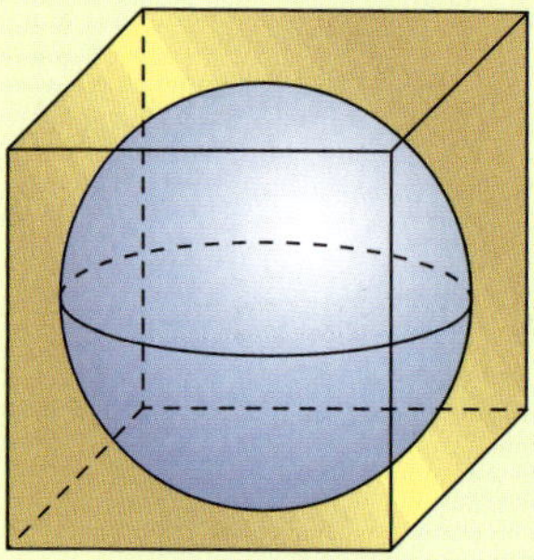

b) Aus einem Zylinder, Durchmesser und Höhe jeweils 15 cm, wird eine möglichst große Kugel hergestellt.
Wie groß ist der Abfall?

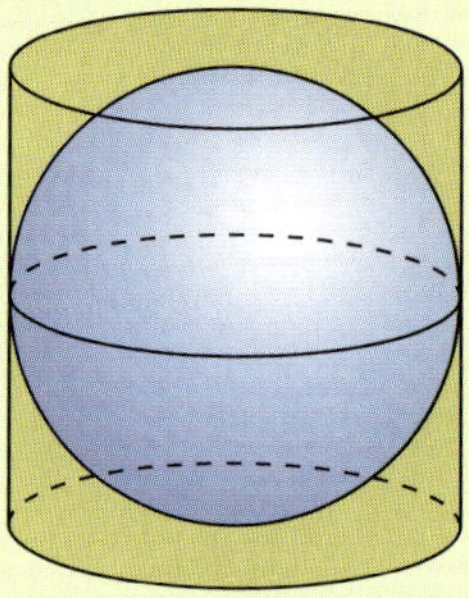

Trigonometrie

1 Sinus im rechtwinkligen Dreieck

A Bezeichnung der Seiten im rechtwinkligen Dreieck

Wie du weißt, liegt im rechtwinkligen Dreieck die **Hypotenuse** dem rechten Winkel gegenüber. Die beiden Seiten des rechten Winkels (Schenkel des rechten Winkels) heißen **Katheten**.

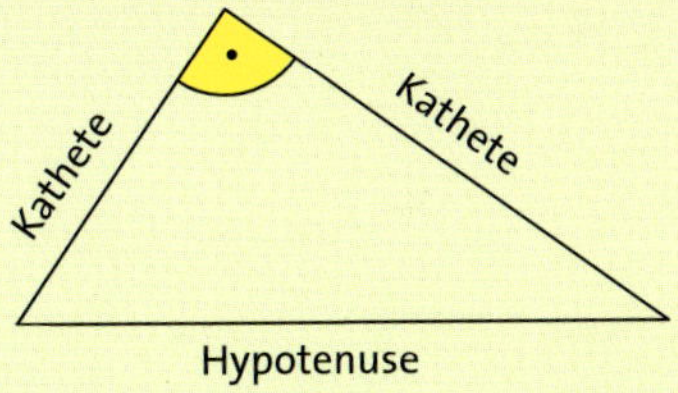

Wählst du einen der beiden nicht rechten Winkel aus, so kannst du, bezogen auf diesen Winkel, die beiden Katheten unterscheiden.
Die Kathete, die dem ausgewählten Winkel *gegen*überliegt, heißt ***Gegen*kathete** dieses Winkels.
Die Kathete, die dem ausgewählten Winkel *an*liegt, heißt ***An*kathete** dieses Winkels; sie ist zugleich Schenkel des Winkels.

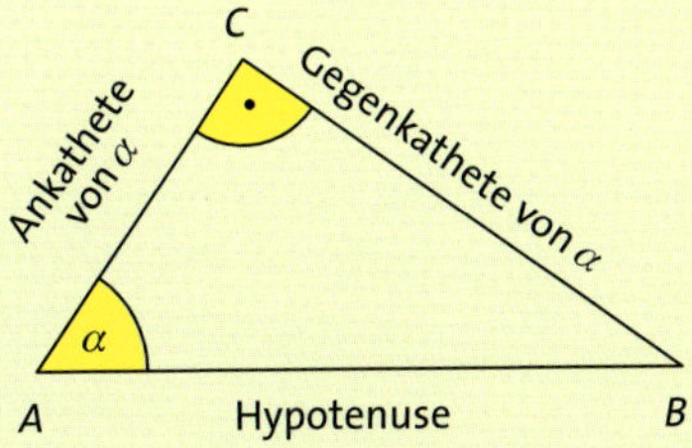

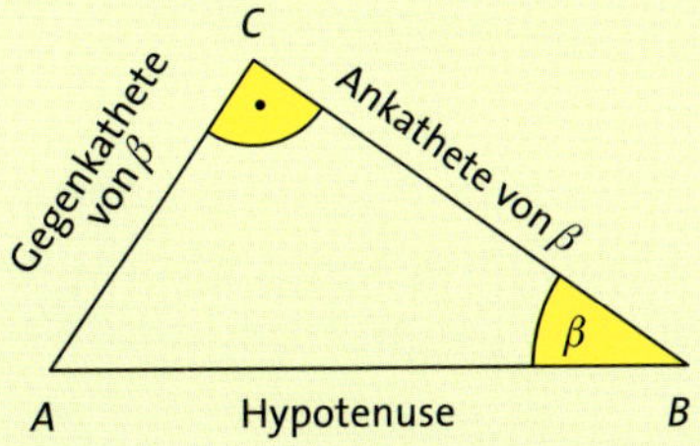

Beispielaufgaben

a)

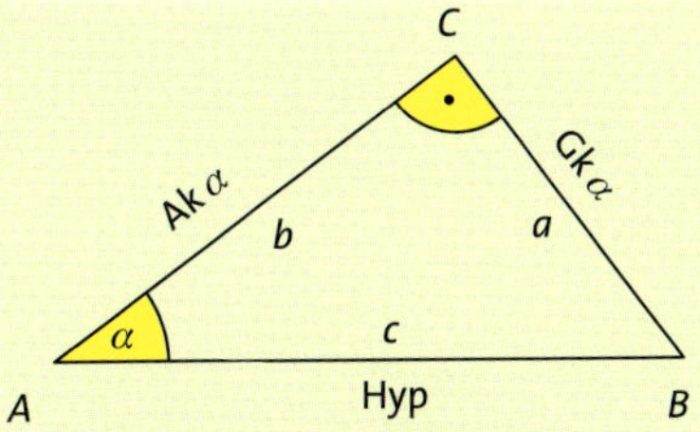

c ist Hypotenuse, abgekürzt: Hyp.
Bezogen auf α gilt:
a ist Gegenkathete von α, kurz: Gk α.
b ist Ankathete von α, kurz: Ak α.

b)

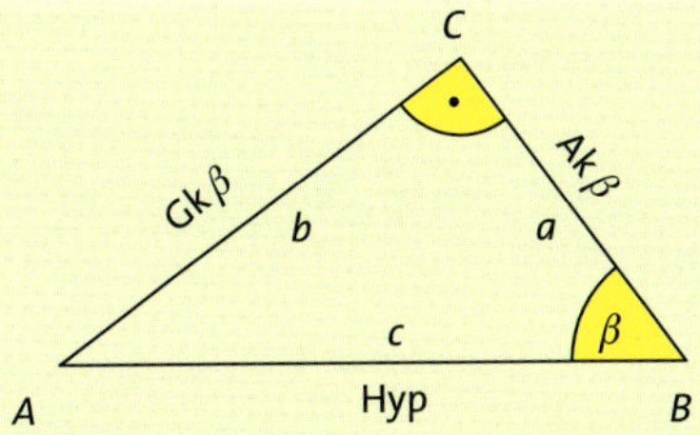

c ist Hypotenuse, abgekürzt: Hyp.
Bezogen auf β gilt:
a ist Ankathete von β, kurz: Ak β.
b ist Gegenkathete von β, kurz: Gk β.

Übung 1

Ergänze.

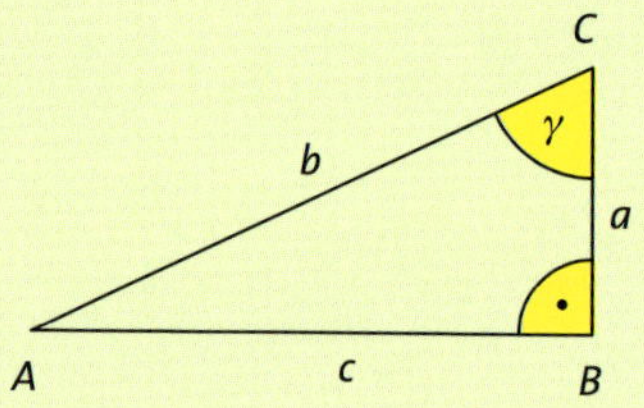

________ ist rechter Winkel.

________ ist Hypotenuse.

________ ist Gegenkathete von γ.

________ ist Ankathete von γ.

B Definition des Sinus im rechtwinkligen Dreieck

Eine Zahnradbahn fährt mit einem Steigungswinkel von $\alpha = 30°$. Nach einer Fahrstrecke von 400 m hat sie die erste Station in einer Höhe von 200 m erreicht; nach 720 m Fahrstrecke hat sie die zweite Station in einer Höhe von 360 m erreicht.

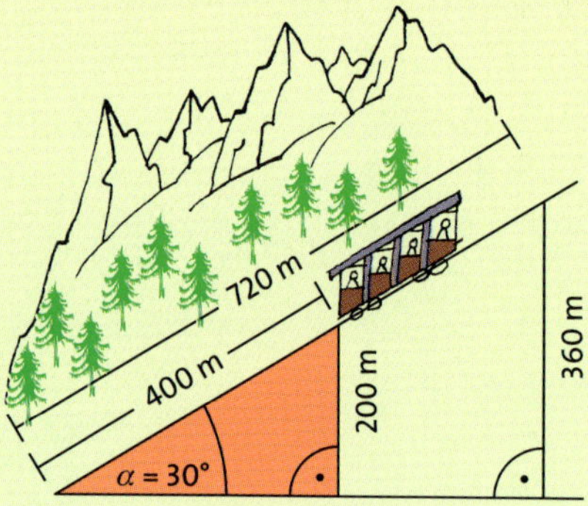

Du siehst: In beiden Fällen entspricht die erreichte Höhe genau der Hälfte der zurückgelegten Fahrstrecke. Dies liegt am gleichbleibenden Steigungswinkel α. Bei gleichbleibendem Steigungswinkel $\alpha = 30°$ hat der Quotient $\frac{\text{Höhe}}{\text{Fahrstrecke}}$ immer den Wert $\frac{1}{2}$.

Du hast es hier mit rechtwinkligen Dreiecken zu tun, die im Winkel α übereinstimmen. Bezogen auf diesen Winkel α ist die erreichte Höhe die Gegenkathete von α und die zurückgelegte Fahrstrecke die Hypotenuse.

Wie du gesehen hast, gilt für $\alpha = 30°$:

$$\frac{\text{Gegenkathete von } \alpha}{\text{Hypotenuse}} = \frac{\text{Gk } \alpha}{\text{Hyp}} = \frac{1}{2},$$

denn $\frac{200}{400} = \frac{1}{2}$ und $\frac{360}{720} = \frac{1}{2}$.

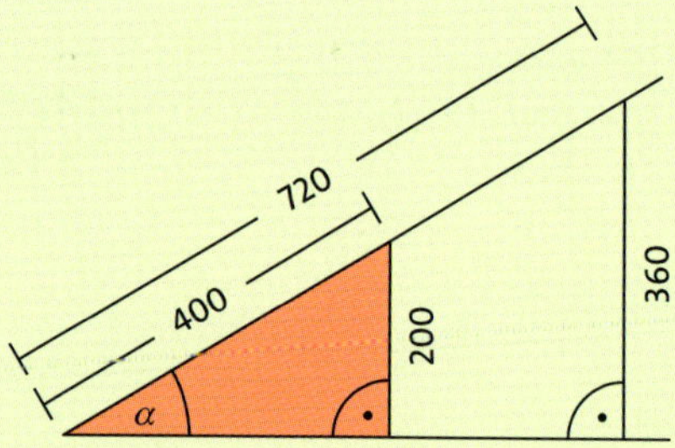

Hat α einen anderen Wert, z. B. 60°, so hat der Quotient $\frac{\text{Gk } \alpha}{\text{Hyp}}$ wieder einen festen (konstanten) Wert.
In einem rechtwinkligen Dreieck gehört also zu jedem Winkel α ein konstanter Quotient $\frac{\text{Gk } \alpha}{\text{Hyp}}$; er heißt **Sinus α**, kurz: sin α.

$$\sin\alpha = \frac{\text{Gegenkathete von } \alpha}{\text{Hypotenuse}} = \frac{\text{Gk } \alpha}{\text{Hyp}}$$

C Spezielle Sinuswerte

Für die Winkel $\alpha = 30°, 45°$ und $60°$ kannst du den jeweiligen Sinuswert, also den Quotienten aus der Gegenkathete von α und der Hypotenuse, ohne großen Aufwand genau berechnen.

Berechnung von sin 45°

In einem gleichschenklig-rechtwinkligen Dreieck (z. B. deinem Geodreieck) haben die beiden Basiswinkel 45°. Mit Hilfe eines solchen Dreiecks kannst du sin 45° folgendermaßen berechnen:

In diesem Dreieck ist γ der rechte Winkel (c also Hyp), und a ist die Gegenkathete von α.

$\sin 45° = \sin\alpha = \frac{\text{Gk }\alpha}{\text{Hyp}} = \frac{a}{c}$

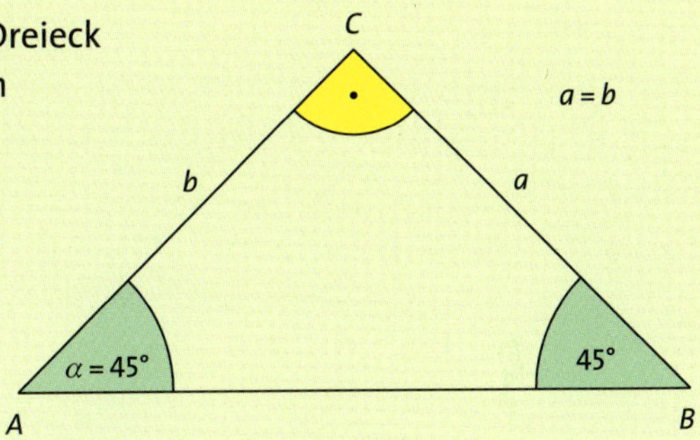

Die Länge von c lässt sich mit dem Satz des PYTHAGORAS berechnen:

$c^2 = a^2 + b^2$ (PYTHAGORAS)

$c^2 = a^2 + a^2 \quad (b = a)$

$c^2 = 2a^2$

$c = \sqrt{2a^2} = a\sqrt{2}$

Also: $\sin 45° = \frac{a}{a\sqrt{2}} = \frac{1}{\sqrt{2}} = \frac{1\cdot\sqrt{2}}{\sqrt{2}\sqrt{2}} = \frac{\sqrt{2}}{2} = \frac{1}{2}\sqrt{2} = 0{,}7071067\ldots$

Berechnung von sin 60°

In einem gleichseitigen Dreieck ist jeder Winkel 60° groß. Die Höhe h_c halbiert den Winkel γ und die Grundseite; sie zerlegt das Dreieck ABC in zwei rechtwinklige Teildreiecke. Mit Hilfe des Teildreiecks ADC kannst du nun sin 60° berechnen:

Hier liegt der rechte Winkel bei D (a ist also Hyp), und h_c ist die Gegenkathete von α.

$\sin 60° = \sin\alpha = \frac{\text{Gk }\alpha}{\text{Hyp}} = \frac{h_c}{a}$

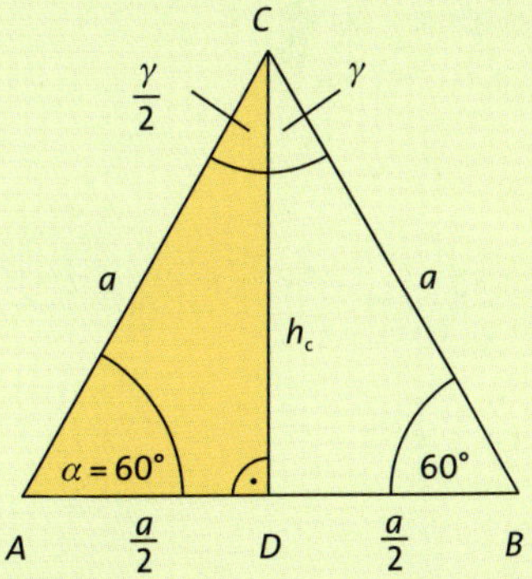

Für die Höhe im gleichseitigen Dreieck gilt bekanntlich: $h_c = \frac{a}{2}\sqrt{3}$.

Also: $\sin 60° = \frac{\frac{a}{2}\sqrt{3}}{a} = \frac{1}{2}\sqrt{3} = 0{,}8660254\ldots$

Den sin-Wert von 30° sollst du nun selbst berechnen.

Übung 2

Berechne sin 30°. Benutze dazu das Teildreieck *ADC*, das wir für sin 60° verwendet haben. 30° hat hier der Winkel $\frac{\gamma}{2}$.
Überlege zuerst, welche Seite im Dreieck *ADC* die Hypotenuse ist, und welche die Gegenkathete von $\frac{\gamma}{2}$.

D Veranschaulichung der Sinuswerte am Einheitskreis

In einem rechtwinkligen Dreieck, dessen Hypotenuse die Länge 1 hat, gilt:
$\sin \alpha = \frac{Gk\,\alpha}{1} = Gk_{\alpha}$.
In der Zeichnung unten hat die Hypotenuse die Länge 1 dm. Miss die Länge der Strecke $\overline{QR}$ in dm. Die Maßzahl der Länge (d. h. Länge ohne Benennung der Längeneinheit) ist sin α.

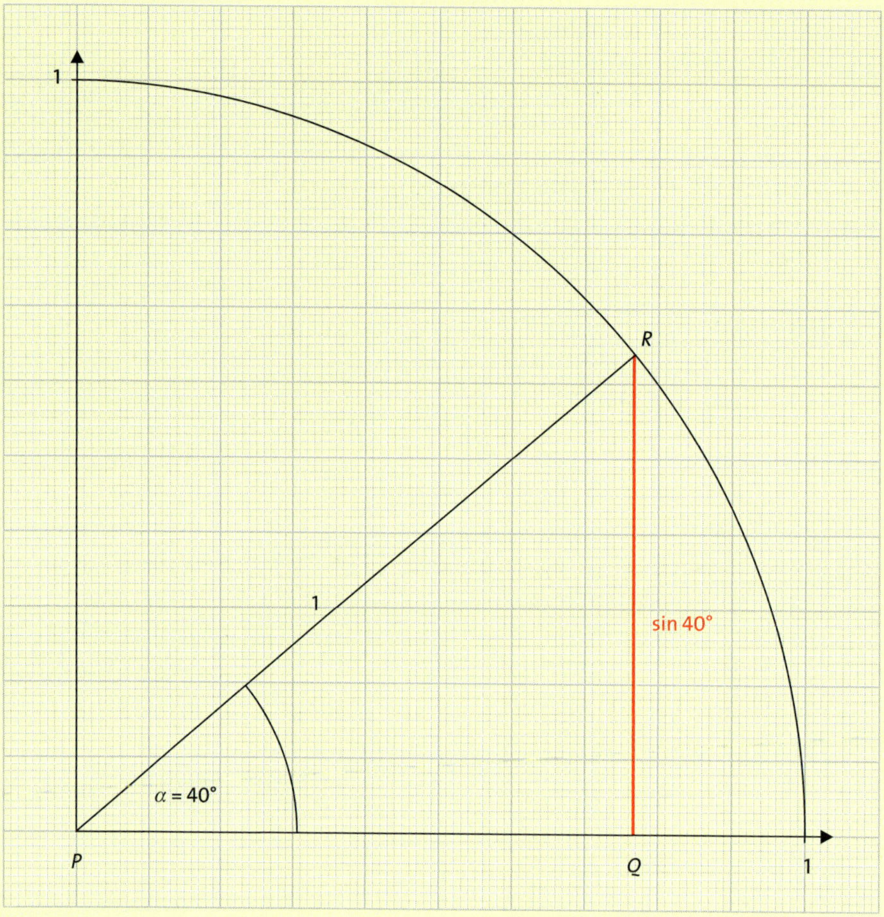

Die Messung ergibt $\overline{QR} \approx 6{,}4$ cm = 0,64 dm. Also gilt: sin 40° ≈ 0,64.

Übung 3

Trage die gegebenen Winkel in die Zeichnung auf der vorigen Seite ein, miss die entsprechenden Strecken und ermittle so einen Näherungswert für sin α.

α	10°	30°	40°	50°	70°
sin α		0,64			

Wenn du dir die Ergebnisse noch einmal in einer Skizze verdeutlichst, erkennst du:

- Wird α *größer*, so wird auch *sin α größer*.
- sin α liegt zwischen 0 und 1, d. h. $0 \leqq \sin \alpha \leqq 1$.

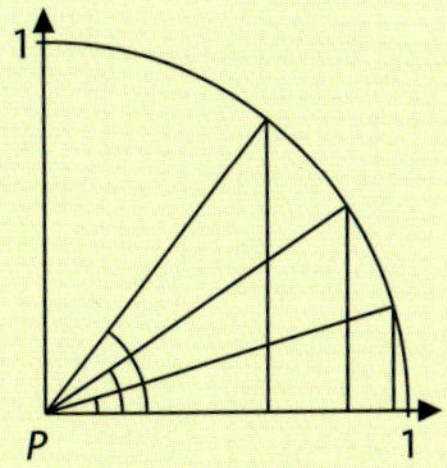

E Ermittlung von Sinuswerten mit dem Taschenrechner

Für spezielle Winkel hast du die Sinuswerte bereits berechnet. Für diese, aber auch für alle anderen Winkel sind die Sinuswerte in deinem Taschenrechner gespeichert. Beachte dabei Folgendes:

Wie du Entfernungen in unterschiedlichen Längeneinheiten angeben kannst, z. B. in Kilometern, Metern oder auch Meilen, so können auch Winkel in unterschiedlichen Maßeinheiten angegeben werden.

Bei der Berechnung von Winkeln benutzt man in der Mathematik die Maßeinheit Grad, die dir bekannt ist und durch das hochgestellte Gradzeichen ° abgekürzt wird. Da dein Taschenrechner aber auch in anderen Maßeinheiten rechnen kann, musst du ihn auf die Maßeinheit Grad einstellen.

Da das englische Wort für Grad „degree“ ist, muss dein Taschenrechner „DEG“ oder „D“ anzeigen. Wenn er das nicht tut, kannst du ihn mit der „MODE“-Funktion darauf einstellen (evtl. 2-mal die „MODE“-Taste drücken).

Da momentan verschiedene Typen von Taschenrechnern in Gebrauch sind, kann es im Folgenden zu abweichenden Eingaben kommen. Wir gehen im gesamten Kapitel von einer neueren Generation von Taschenrechnern aus.

So rufst du sin 30° ab:

1. Taschenrechner auf DEG einstellen.
2. Eingabe der Tastenfolge: [sin] 30 [=]
3. Als Ergebnis erscheint: 0,5.

Also gilt: sin 30° = 0,5.

Im Allgemeinen ist der Sinuswert eines Winkels eine irrationale Zahl. Der Taschenrechner liefert lediglich einen Näherungswert.

Beispielaufgaben

a) $\sin 23{,}5° = 0{,}3987490\ldots$ **b)** $\sin 0{,}1° = 0{,}001745328\ldots$

Übung 4

Ermittle mit deinem Taschenrechner.

a) $\sin 17{,}7° =$ ________________ **b)** $\sin 0{,}45° =$ ________________

c) $\sin 23{,}765° =$ ________________ **d)** $\sin 89° =$ ________________

F Berechnung einer Seite mit Hilfe des Sinus

Beispielaufgabe

Berechnung der Gegenkathete mit Hilfe des Sinus

Die Halteseile eines Sendemastes bilden mit dem Erdboden einen Winkel von 54°. In welcher Höhe kann ein 30 m langes Halteseil befestigt werden?

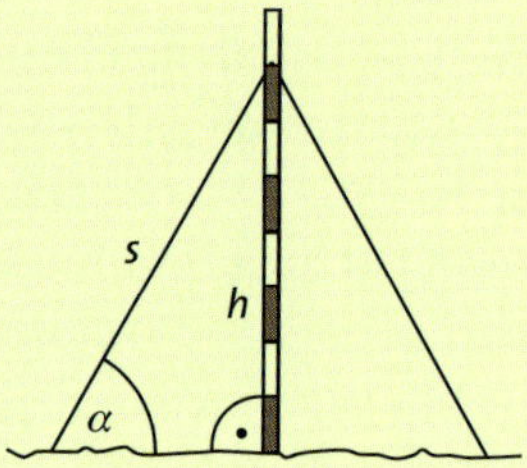

Gegebene Situation: Das Halteseil und der Mast bilden mit dem Erdboden ein rechtwinkliges Dreieck. Das Halteseil *s* ist die Hypotenuse.

Berechnung: Die Befestigungshöhe *h* soll berechnet werden. *h* ist die Gegenkathete des Winkels $\alpha = 54°$. Daraus ergibt sich der Ansatz:

$$\sin \alpha = \frac{\text{Gk}\,\alpha}{\text{Hyp}} = \frac{h}{s}.$$

Nach *h* auflösen und einsetzen:
$h = s \cdot \sin \alpha = 30 \cdot \sin 54° = 24{,}2705\ldots$

Meterangaben rundet man normalerweise auf Zentimeter, d. h. auf die zweite Stelle hinter dem Komma. Also: $h = 24{,}27$.

Antwort: Der Befestigungspunkt eines 30 m langen Halteseils kann in einer Höhe von 24,27 m liegen.

Anmerkung: Die Tastenfolge zur Berechnung von $30 \cdot \sin 54°$ ist:
30 [×] [sin] 54 [=] .

Übung 5

In welcher Höhe kann ein 50 m langes Halteseil befestigt werden, wenn es mit dem Erdboden einen Winkel von 63° bildet? Runde sinnvoll.
Fertige eine Skizze an, wähle passende Bezeichnungen und überlege, was gegeben und was gesucht ist.

Beispielaufgabe

Berechnung der Hypotenuse mit Hilfe des Sinus.
Eine Leiter soll an einer Hauswand 5 m hoch reichen.
Wie lang muss sie mindestens sein, wenn sie in einemWinkel von 70° angestellt wird?

Gegeben: $\alpha = 70°$, Höhe $h = 5$ m.

Gesucht: Leiterlänge l.

Situation: h ist Gk α

Berechnung: l ist Hyp

$$\sin \alpha = \frac{\text{Gk}\,\alpha}{\text{Hyp}} = \frac{h}{l}$$

Diese Gleichung muss nach l hin aufgelöst werden.

$$l = \frac{h}{\sin\alpha}$$

$$l = \frac{5}{\sin 70°} \approx 5{,}32$$

Antwort: Die Leiter muss mindestens eine Länge von 5,32 m haben, um 5 m hoch zu reichen.

Übung 6

Eine Straße hat einen Steigungswinkel von 5°.
Sie überwindet einen Höhenunterschied von 23 m.
Wie lang ist die Straße?

Beachte bei den folgenden Aufgaben:

! Den dritten Winkel kannst du mit der Innenwinkelsumme im Dreieck berechnen.
Die dritte Seite kannst du mit dem Satz des PYTHAGORAS berechnen.

Übung 7

a)

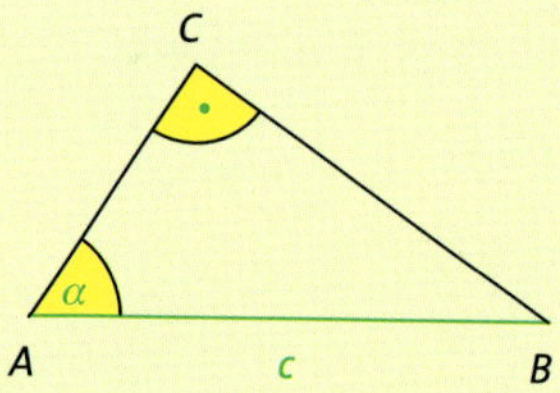

Im Dreieck *ABC* sind gegeben:
$\gamma = 90°$,
$\alpha = 35°$,
$c = 7$ cm.
Gesucht: β, a und b.

b)

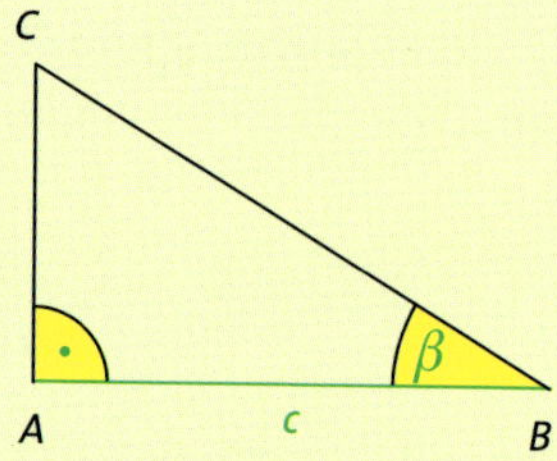

Im Dreieck *ABC* sind gegeben:
$\alpha = 90°$,
$\beta = 70°$,
$c = 9$ cm.
Gesucht: γ, a und b.

c)

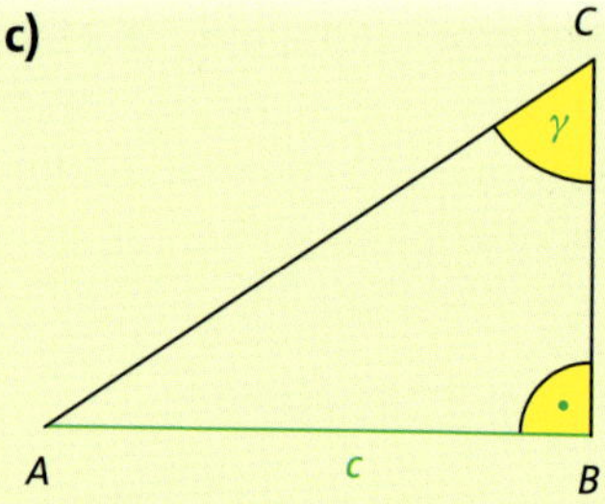

Im Dreieck *ABC* sind gegeben:
$\beta = 90°$,
$\gamma = 40°$,
$c = 3$ cm.
Gesucht: α, b und a.

Übung 8

Im Dreieck *ABC* sind gegeben: $\alpha = 90°$, $\beta = 40°$, $c = 13$ cm.
Fertige eine Skizze an. Beschreibe die Situation und berechne die gesuchten Größen γ, b und a.

Übung 9

Ergänze.

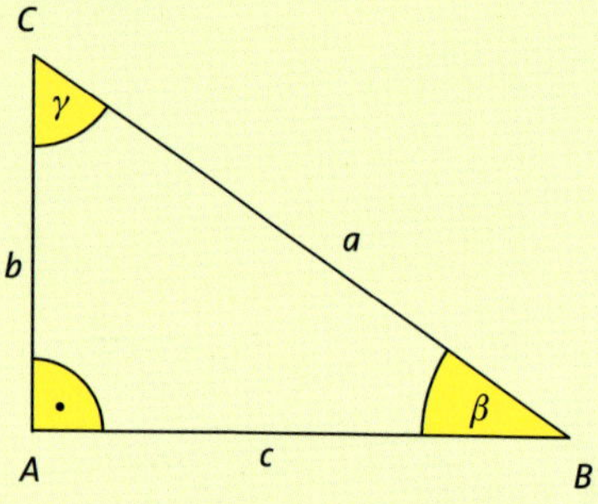

________ ist Hypotenuse.

________ ist Gegenkathete von β.

________ ist Gegenkathete von γ.

________ ist Ankathete von β.

________ ist Ankathete von γ.

b ist Ak von _______ und Gk von _______ .

c ist Ak von _______ und Gk von _______ .

Übung 10

Peters Drachen steigt mit einem Steigungswinkel von 62°, er hat eine Nylonschnur von 30 m Länge. Welche Höhe kann sein Drachen erreichen?

2 Kosinus im rechtwinkligen Dreieck

A Definition des Kosinus im rechtwinkligen Dreieck

Die Halteseile eines Sendemastes bilden mit dem Erdboden einen Winkel von $\alpha = 60°$. Das 20 m lange Seil ist 10 m vom Fußpunkt des Mastes entfernt verankert, das 30 m lange Seil in einer Entfernung von 15 m und das 40 m lange Seil in einer Entfernung von 20 m.

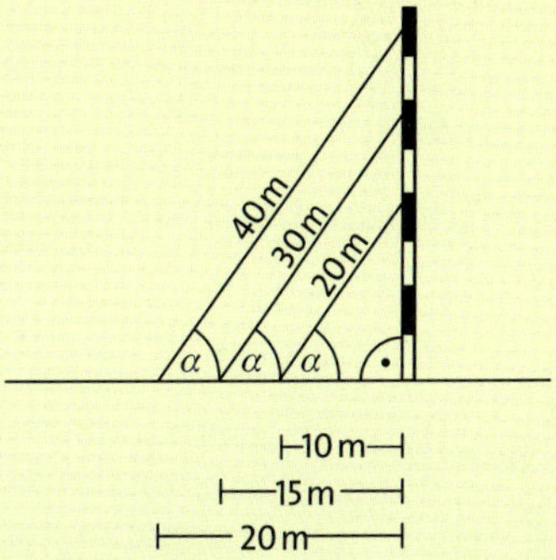

Entfernung	10 m	15 m	20 m
Seillänge	20 m	30 m	40 m

Du siehst: Die „Entfernung“ ist hier jeweils halb so lang wie die Seillänge. Dies liegt am gleich bleibenden Winkel $\alpha = 60°$.
Bei gleich bleibendem Winkel $\alpha = 60°$ hat der Quotient $\frac{\text{Entfernung}}{\text{Seillänge}}$ immer den Wert $\frac{1}{2}$.
Dieser Rechnung liegen rechtwinklige Dreiecke zugrunde, die im Winkel α übereinstimmen. Bezogen auf diesen Winkel α ist die Entfernung der Verankerung vom Fußpunkt die Ankathete von α, die Seillänge ist die Hypotenuse.

Für $\alpha = 60°$ gilt:

$$\frac{\text{Ankathete von } \alpha}{\text{Hypotenuse}} = \frac{\text{Ak } \alpha}{\text{Hyp}} = \frac{1}{2},$$

denn $\frac{10}{20} = \frac{1}{2}$, $\frac{15}{30} = \frac{1}{2}$ und $\frac{20}{40} = \frac{1}{2}$.

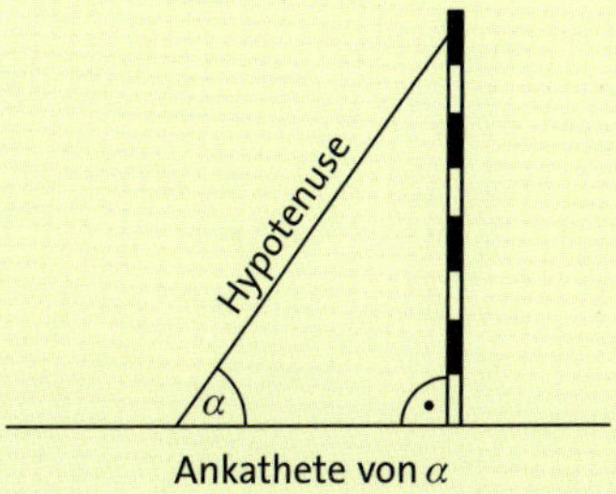

Du siehst: Im rechtwinkligen Dreieck hat bei gegebenem Winkel α der Quotient $\frac{\text{Ak}\,\alpha}{\text{Hyp}}$ einen festen Wert. Zu jedem Winkel α gibt es also einen konstanten Quotienten $\frac{\text{Ak}\,\alpha}{\text{Hyp}}$; er heißt **Kosinus α**, kurz: cos α.

$$\cos\alpha = \frac{\text{Ankathete von }\alpha}{\text{Hypotenuse}} = \frac{\text{Ak}\,\alpha}{\text{Hyp}}$$

B Spezielle Kosinuswerte

In Kapitel 1 hast du gelernt, für $\alpha = 30°, 45°$ und $60°$ den jeweiligen Sinuswert zu berechnen. Mit Hilfe derselben Dreiecke kannst du nun auch die jeweiligen Kosinuswerte berechnen.

Übung 1

Berechne cos 45°.

c = ______________________

cos 45° = ______________________

= ______________________

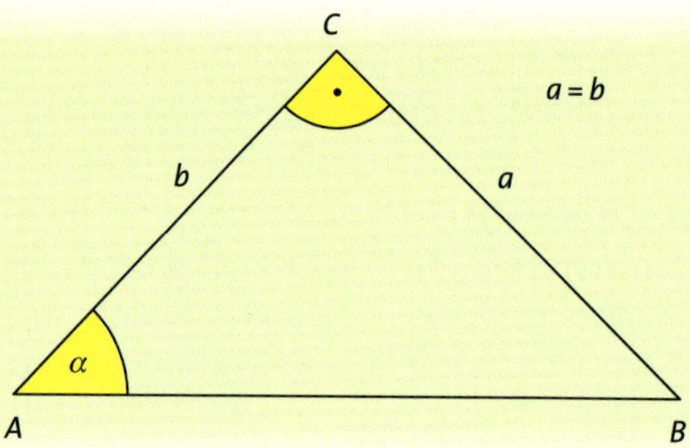

Übung 2

Berechne: **a)** cos 30°
b) cos 60°

$\overline{AB} = \overline{BC} = \overline{AC} = a$

a) h_c = ______________________

= ______________________

cos 30° = ______________________

b) $\overline{AD}$ = ______________________

cos 60° = ______________________

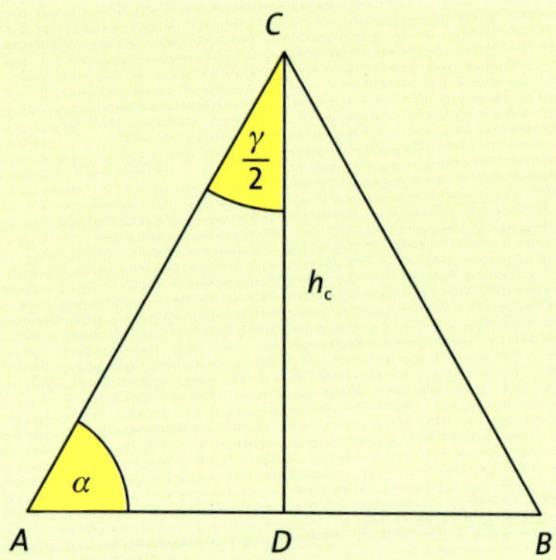

C Veranschaulichung der Kosinuswerte am Einheitskreis

Wie die Sinuswerte sind auch die Kosinuswerte als Brüche definiert, in deren Nenner die Hypotenuse steht. Legst du ein Dreieck zugrunde, dessen Hypotenuse die Länge 1 LE (eine Längeneinheit) hat, so gilt in diesem Dreieck: $\cos\alpha = \frac{\text{Ak}\,\alpha}{\text{Hyp}} = \frac{\text{Ak}\,\alpha}{1} = \text{Ak}\,\alpha$.
Im Bild unten hat die Hypotenuse $\overline{PR}$ die Länge 1 dm. Miss die Länge der Strecke $\overline{PQ}$ in dm. Die Maßzahl der Länge ist $\cos\alpha$.

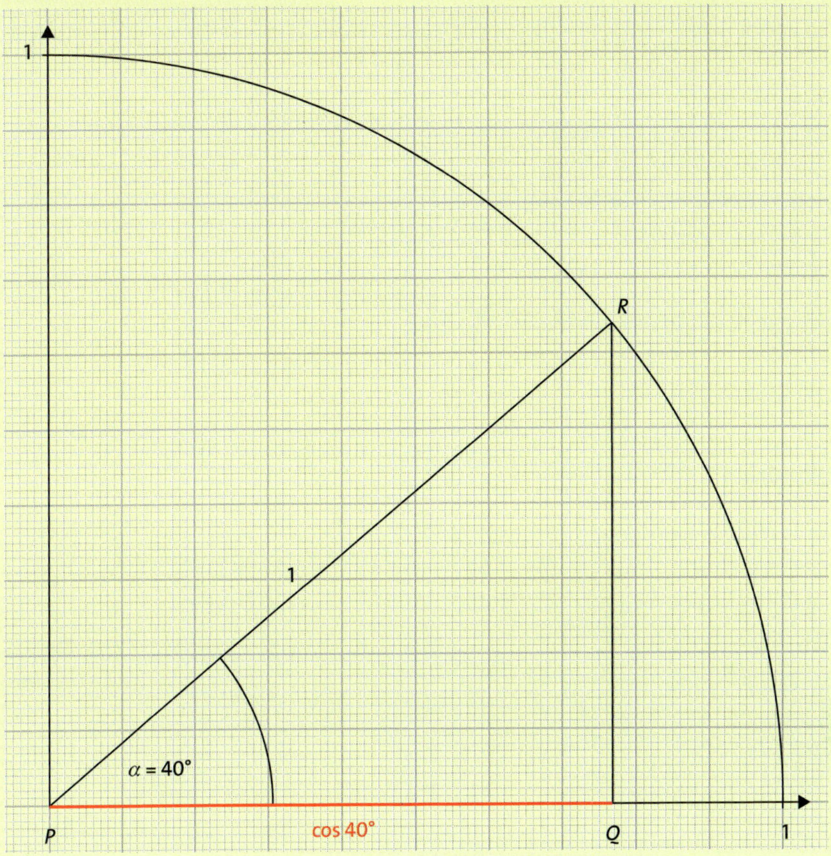

Durch Messen erhältst du: $\overline{PQ} \approx 7{,}7$ cm = 0,77 dm. Also gilt: $\cos 40° \approx 0{,}77$.

Übung 3

Zeichne die gegebenen Winkel in die Zeichnung ein, miss die entsprechenden Strecken und ermittle so jeweils einen Näherungswert für $\cos\alpha$.

α	10°	30°	40°	50°	70°
$\cos\alpha$			0,77		

Verdeutlichst du dir die Ergebnisse noch einmal, so erkennst du:

- Wird α *größer*, so wird *cos* α *kleiner*;
- cos α liegt zwischen 0 und 1, d. h. $0 \leqq \cos \alpha \leqq 1$.

D Ermittlung von Kosinuswerten mit dem Taschenrechner

Die folgenden Angaben gelten wieder für einen Taschenrechner der neuesten Generation.

So rufst du cos 30° ab:
1. Taschenrechner auf DEG einstellen.
2. Eingabe der Tastenfolge: [cos] 30 [=]
3. Als Ergebnis erscheint: 0,8660254…

Also gilt: cos 30° = 0,8660254…

Auch der Kosinuswert eines Winkels ist im Allgemeinen eine irrationale Zahl mit unendlich vielen Stellen hinter dem Komma. Der Taschenrechner kann hiervon nur eine begrenzte Anzahl anzeigen.

Beispielaufgaben

Mit dem Taschenrechner ermittelte Kosinuswerte:

a) cos 23,5° = 0,9170600… **b)** cos 67,23° = 0,3870328…
c) cos 0,1° = 0,9999984… **d)** cos 45° = 0,7071067…

Übung 4

Ermittle mit deinem Taschenrechner.

a) cos 17,7° **b)** cos 23,765° **c)** cos 0,45° **d)** cos 60°

E Berechnung einer Seite mit Hilfe des Kosinus

Beispielaufgabe

Eine Leiter soll aus Sicherheitsgründen mit dem Erdboden einen Winkel von $\alpha = 75°$ bilden. Wie weit muss dann der Fußpunkt einer 5 m langen Leiter vom Haus entfernt sein?

Situation: Die Leiter bildet mit dem Erdboden und der Hauswand ein rechtwinkliges Dreieck. Die Leiter l ist die Hypotenuse.

Berechnung: Der Abstand des Fußpunktes von der Hauswand soll berechnet werden. Dieser Abstand a ist die Ankathete von $\alpha = 75°$.
Daraus ergibt sich der Ansatz:

$$\cos\alpha = \frac{\text{Ak}\,\alpha}{\text{Hyp}} = \frac{a}{l}$$

Nach a auflösen und einsetzen:
$a = l \cdot \cos\alpha = 5 \cdot \cos 75° = 1{,}294\ldots$
Meterangaben rundet man, wie du bereits weißt, auf Zentimeter, d. h. auf die zweite Stelle hinter dem Komma, also: $a = 1{,}29$.

Antwort: Der Fußpunkt der 5 m langen Leiter muss 1,29 m Abstand von der Hauswand haben, wenn der Neigungswinkel 75° betragen soll.

Anmerkung: Die Tastenfolge zur Berechnung von $5 \cdot \cos 75°$ ist:
5 [×] [cos] 75 [=]

Übung 5

Die Halteseile eines Sendemastes bilden mit dem Erdboden den Winkel $\alpha = 54°$. In welcher Entfernung vom Fuß des Mastes ist ein 27,50 m langes Halteseil verankert?

Beispielaufgabe

Der Anfang einer mit 9° ansteigenden Rampe ist 6,50 m von einer Lagerhalle entfernt. Wie lang ist der Fahrweg auf der Rampe?

Gegeben: $\alpha = 9°$,
$a = 6{,}50$ m.

Gesucht: Fahrweglänge f.

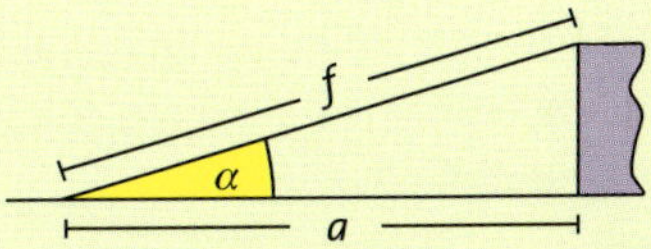

Situation: a ist Ak α

Berechnung: f ist Hyp.
$\cos\alpha = \frac{\text{Ak}\,\alpha}{\text{Hyp}} = \frac{a}{f}$
Diese Gleichung muss nun nach f aufgelöst werden.
$f = \frac{a}{\cos\alpha} = \frac{6{,}50}{\cos 9°} \approx 6{,}58$

Antwort: Die Fahrweglänge auf der Rampe beträgt 6,58 m.

Übung 6

Ein Flugzeug hebt von der Landebahn F mit einem Steigungswinkel von 4,6° ab. Das letzte Leuchtfeuer ist 12 km von F entfernt.
Welche Flugstrecke hat das Flugzeug zurückgelegt, wenn es sich senkrecht über L befindet?

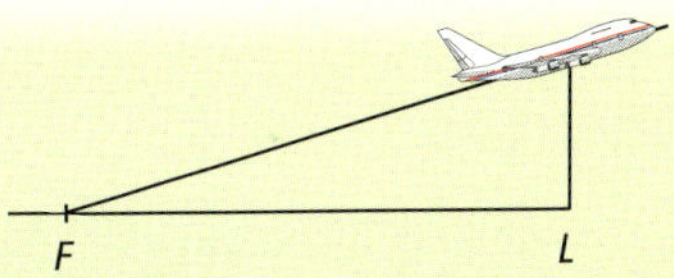

Bei den folgenden Übungen sind ein rechter Winkel, ein weiterer Winkel und eine Seite gegeben und die übrigen Seiten und Winkel gesucht. Du kannst dabei die Winkelsumme, Sinus, Kosinus und den Satz des PYTHAGORAS verwenden. Manchmal gibt es mehrere Lösungswege.

Übung 7

a) Im Dreieck ABC sind gegeben:
$\gamma = 90°$, $\beta = 40°$, $b = 13$ cm.
Gesucht: α, c und a.
Beschreibe die Situation und berechne die unbekannten Größen.

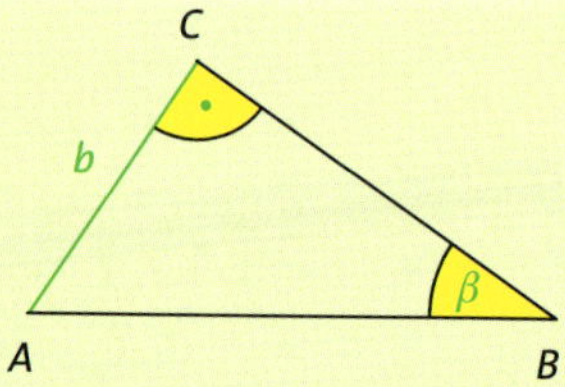

b) Im Dreieck ABC sind gegeben:
$\gamma = 90°$, $\beta = 40°$, $a = 3$ cm.
Gesucht: α, b und c.
Beschreibe die Situation und berechne die unbekannten Größen.

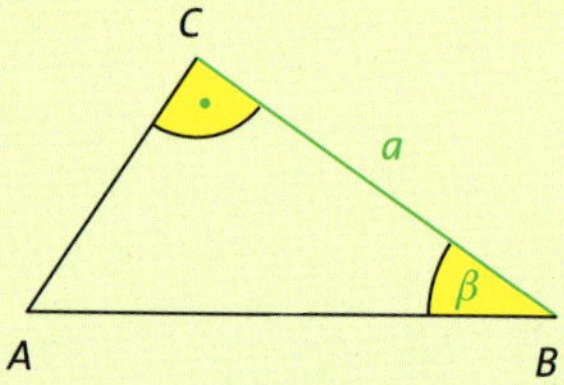

c) Im Dreieck ABC sind gegeben:
$\gamma = 90°$, $\alpha = 35°$, c = 7 cm.
Gesucht: β, a und b.
Beschreibe die Situation und berechne die unbekannten Größen.

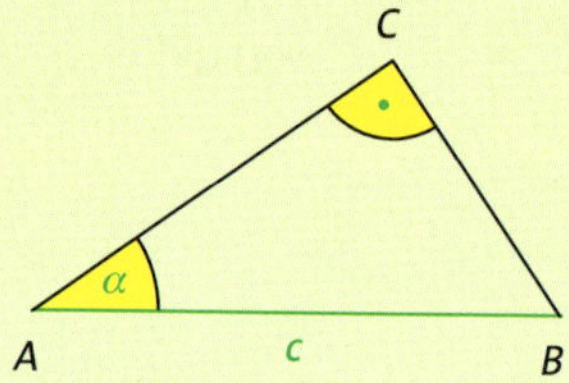

Übung 8

Im Dreieck *ABC* sind gegeben: $\gamma = 90°$, $\beta = 35°$, $c = 7$ cm.
Fertige eine Skizze an. Beschreibe die Situation und gib an, welche Größen unbekannt sind. Berechne dann diese Größen.

In allen vorangegangenen Beispielen und Übungen war immer γ der rechte Winkel. Im Folgenden liegt der rechte Winkel bei *A* bzw. bei *B*.

Übung 9

Fertige jeweils eine Skizze an und beschreibe die Situation.

a) Im Dreieck *ABC* sind gegeben: $\alpha = 90°$, $\gamma = 30°$, $a = 10$ cm.

b) Im Dreieck *ABC* sind gegeben: $\beta = 90°$, $\gamma = 15{,}2°$, $c = 12$ cm.

c) Im Dreieck *ABC* sind gegeben: $\alpha = 90°$, $\gamma = 37{,}4°$, $b = 4{,}8$ cm.

Übung 10

Im Dreieck *ABC* sind gegeben: $\alpha = 90°$, $\beta = 32°$, $c = 14{,}2$ cm.
Gesucht: γ, a und b.
Beschreibe die Situation und berechne die unbekannten Größen.

Übung 11

Im Dreieck *ABC* sind gegeben: $\beta = 90°$, $\alpha = 54{,}7°$, $a = 30{,}8$ cm.
Fertige eine Skizze an, beschreibe die Situation und berechne alle unbekannten Größen.

3 Tangens im rechtwinkligen Dreieck

A Definition des Tangens im rechtwinkligen Dreieck

Die parallel gespannten Seile eines Sendemastes bilden mit dem Erdboden einen Winkel α.
Das erste Seil reicht bis zu einer Höhe von 15 m und ist in 12 m Entfernung vom Fußpunkt des Mastes verankert; das zweite Seil reicht bis zu einer Höhe von 20 m und ist in einer Entfernung von 16 m verankert; das dritte Seil erreicht eine Höhe von 30 m und ist in 24 m Entfernung verankert.

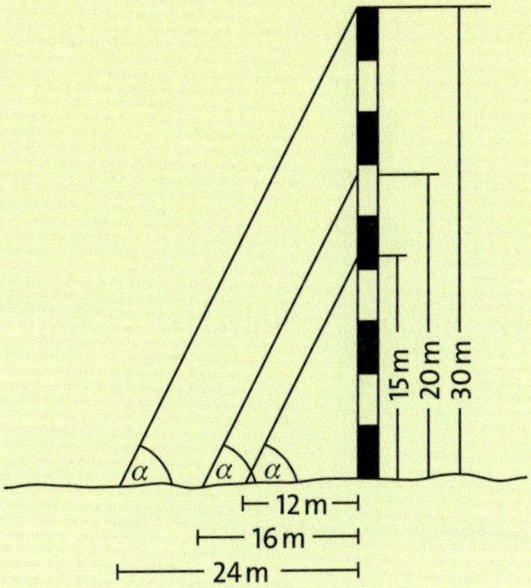

Höhe	15 m	20 m	30 m
Entfernung	12 m	16 m	24 m

Du siehst: Der Quotient $\frac{\text{Höhe}}{\text{Entfernung}}$ ist in allen drei Fällen gleich, denn
$\frac{15}{12} = \frac{5}{4}$, $\frac{20}{16} = \frac{5}{4}$ und $\frac{30}{24} = \frac{5}{4}$.

Dies liegt am gleich bleibenden Winkel α. In allen drei rechtwinkligen Dreiecken ist die Höhe Gegenkathete von α, die Entfernung (Verankerung – Fußpunkt des Mastes) Ankathete von α.

Es gilt: Im rechtwinkligen Dreieck hat bei gegebenem Winkel α der Quotient $\frac{\text{Gk}\,\alpha}{\text{Ak}\,\alpha}$ einen festen Wert. Zu jedem Winkel α gibt es also einen konstanten Quotienten $\frac{\text{Gk}\,\alpha}{\text{Ak}\,\alpha}$; er heißt **Tangens α**, kurz: tan α.

!

$$\tan \alpha = \frac{\text{Gegenkathete von } \alpha}{\text{Ankathete von } \alpha} = \frac{\text{Gk}\,\alpha}{\text{Ak}\,\alpha}.$$

B Veranschaulichung der Tangenswerte am Einheitskreis

Sinus- und Kosinuswerte sind Brüche. Um diese Werte am Einheitskreis zu veranschaulichen, mussten wir den Nenner so wählen, dass er die Länge 1 LE hatte (s. Seite 68 und 75).
Da auch Tangenswerte Brüche sind, kannst du sie entsprechend veranschaulichen, indem du für den Nenner, also die Ankathete, die Länge 1 LE wählst.
$\tan \alpha = \frac{\text{Gk}\,\alpha}{\text{Ak}\,\alpha} = \frac{\text{Gk}\,\alpha}{1} = \text{Gk}\,\alpha.$

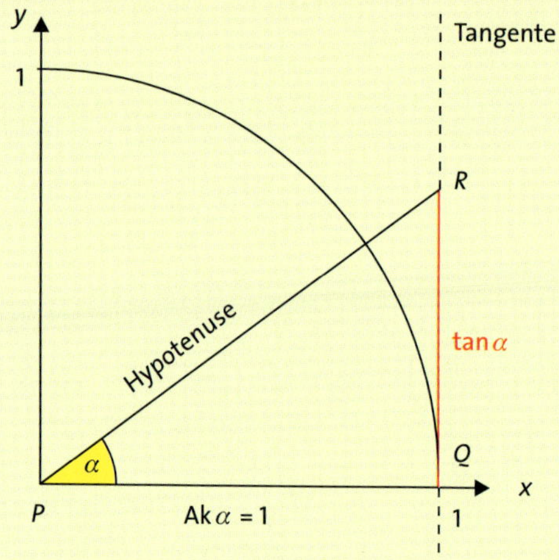

Das Dreieck liegt so im *x*-*y*-Koordinatensystem, dass
- die Ankathete von α auf der *x*-Achse und
- der Scheitelpunkt von α im Ursprung liegt.

Anmerkung: Wie du in der Zeichnung erkennst, wird *tan* α durch einen *Tangentenabschnitt* veranschaulicht, daher auch sein Name.

Für Tangenswerte gilt:
- Wird α *größer*, so wird auch *tan* α *größer*.
- Für $\alpha < 45°$ gilt: $\tan \alpha < 1$.
- Für $\alpha = 45°$ gilt: $\tan 45° = 1$.
- Für $\alpha > 45°$ gilt: $\tan \alpha > 1$.

Mit wachsendem α werden die Tangenswerte sogar beliebig groß. Wie verhalten sich dagegen Sinus- und Kosinuswerte? Schau gegebenenfalls nach auf den Seiten 69 und 76.

C Ermittlung von Tangenswerten mit dem Taschenrechner

So rufst du tan 30° ab:
1. Taschenrechner auf DEG einstellen.
2. Eingabe der Tastenfolge: [tan] 30 [=]
3. Als Ergebnis erscheint: 0,5773502...

Also gilt: tan 30° = 0,5773502...

Im Allgemeinen ist auch der Tangenswert eines Winkels eine irrationale Zahl mit unendlich vielen Stellen hinter dem Komma. Der Taschenrechner liefert auch hier lediglich einen Näherungswert.

Beispielaufgabe

Mit dem Taschenrechner ermittelte Tangenswerte:

a) $\tan 23{,}5° = 0{,}4348123\ldots$

b) $\tan 67{,}23° = 2{,}3823970\ldots$

c) $\tan 0{,}1° = 0{,}001745331\ldots = 1{,}745331 \cdot 10^{-3}$

d) $\tan 45° = 1$

Übung 1

Ermittle mit deinem Taschenrechner.

a) $\tan 17{,}7° =$ ____________

b) $\tan 23{,}765° =$ ____________

c) $\tan 0{,}45° =$ ____________

d) $\tan 60° =$ ____________

e) $\tan 89° =$ ____________

f) $\tan 3\frac{1}{3}° =$ ____________

D Berechnung einer Seite mit Hilfe des Tangens

Beispielaufgabe

Eine 5 m hoch liegende Straße soll durch eine Böschung mit dem Böschungswinkel $\alpha = 30°$ gesichert werden.
Wie breit ist die Böschung?

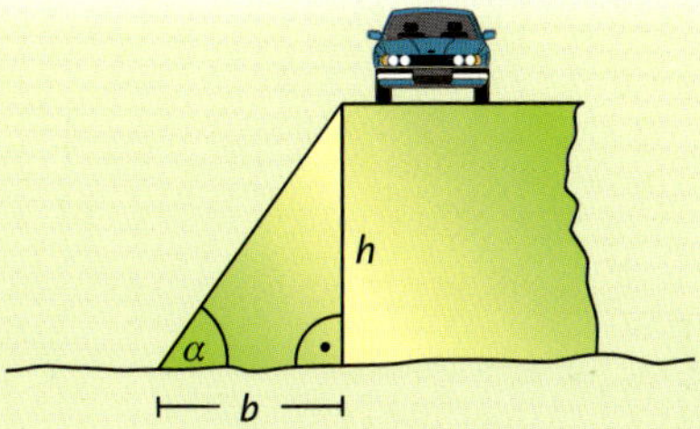

Die Böschungsbreite *b* und die Straßenhöhe *h* bilden zusammen mit der Böschung ein rechtwinkliges Dreieck. Die Straßenhöhe *h* ist die Gegenkathete des Böschungswinkels α, die Böschungsbreite *b* ist seine Ankathete. *b* soll berechnet werden.

$\tan \alpha = \frac{\text{Gk}\,\alpha}{\text{Ak}\,\alpha} = \frac{h}{b}$ | nach *b* auflösen

$b = \frac{h}{\tan \alpha}$ | einsetzen

$b = \frac{5}{\tan 30°} \approx 8{,}66$

Die Böschung ist 8,66 m breit.

Beispielaufgabe

Der Schatten eines Turmes ist 72 m lang. Die Sonnenstrahlen treffen in einem Winkel von 25° auf den Erdboden. Wie hoch ist der Turm?

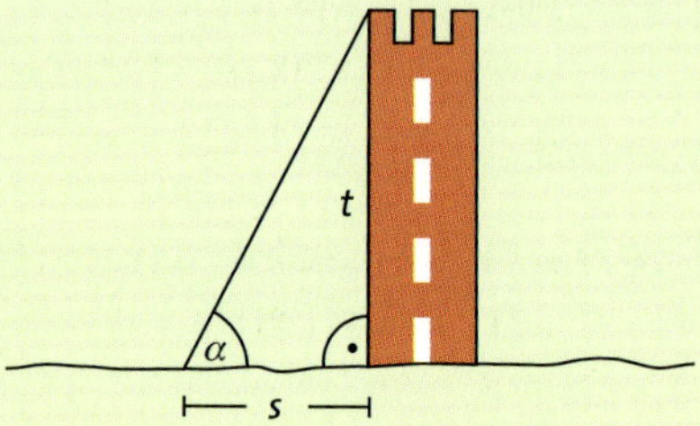

Gegeben: $\alpha = 25°$, Schattenlänge $s = 72$ m.

Gesucht: Turmhöhe t.

Situation: s ist Ak α.

Berechnung: t ist Gk α.

$$\tan \alpha = \frac{\text{Gk}\,\alpha}{\text{Ak}\,\alpha} = \frac{t}{s}$$

$$t = s \cdot \tan \alpha = 72 \cdot \tan 25° \approx 33{,}57$$

Antwort: Der Turm ist 33,57 m hoch.

Übung 2

Ein Flugzeug startet in Frankfurt mit dem Steigungswinkel $\alpha = 6{,}5°$. Welche Höhe hat es erreicht, wenn es sich genau (senkrecht) über dem 25 km entfernten Punkt P befindet?

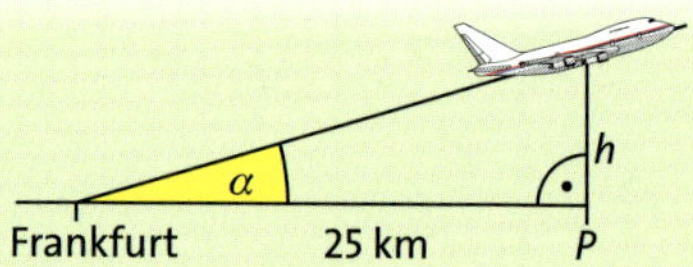

4 Vermischte Berechnungen mit Sinus, Kosinus und Tangens

Beispielaufgabe

Berechnungen mit verschiedenen Winkelfunktionen:
Im Dreieck *ABC* sind gegeben:
$\beta = 90°$, $\alpha = 12°$, $a = 5$ cm.

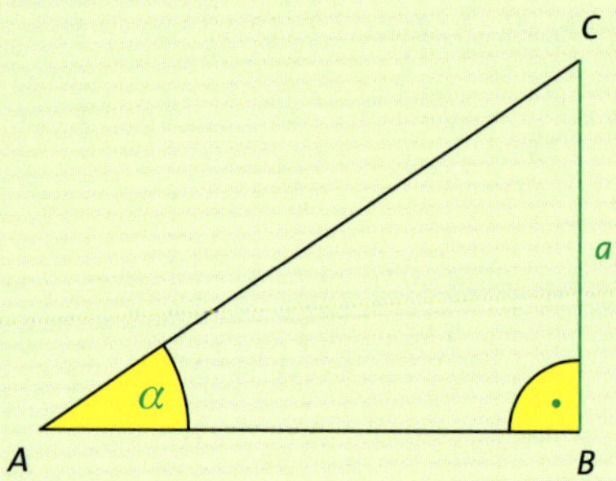

Gesucht: γ, b, c.

Situation: $\beta = 90°$ (b ist Hyp),
a ist Gk α und Ak γ.

1. Zuerst berechnen wir – wie immer – den unbekannten dritten Winkel mit dem Innenwinkelsatz.
   $12° + 90° + \gamma = 180°$
   $\gamma = 78°$
   Der Winkel γ beträgt 78°.

Nun müssen b und c noch berechnet werden. Dazu gibt es verschiedene Möglichkeiten:

- Die Hypotenuse b können wir mit $\sin \alpha = \frac{a}{b}$, aber auch mit $\cos \gamma = \frac{a}{b}$ berechnen.
- Die Kathete c (Ak α) können wir mit $\tan \alpha = \frac{a}{c}$, berechnen, wir können die Kathete c (Gk γ) aber auch mit $\tan \gamma = \frac{c}{a}$ berechnen.

Wenn möglich, sollst du nur mit gegebenen Größen rechnen, da in den von dir berechneten Größen bereits ein Fehler stecken könnte, der dann Folgefehler nach sich zöge.

Da α und a gegeben sind, sind die Ansätze $\sin \alpha = \frac{a}{b}$ und $\tan \alpha = \frac{a}{c}$ günstig.

2. Berechnung der Hypotenuse b mit Hilfe von $\sin \alpha$:

   $\sin \alpha = \frac{\text{Gk}\,\alpha}{\text{Hyp}} = \frac{a}{b}$

   $b = \frac{a}{\sin\alpha} = \frac{5}{\sin 12°} \approx 24{,}05$

   Die Seite b ist 24,05 cm lang.

3. Berechnung der Kathete c mit Hilfe von $\tan \alpha$:

   $\tan \alpha = \frac{\text{Gk}\,\alpha}{\text{Ak}\,\alpha} = \frac{a}{c}$

   $c = \frac{a}{\tan\alpha} = \frac{5}{\tan 12°} \approx 23{,}52$

   Die Seite c ist 23,52 cm lang.

Da wir im zweiten Schritt die Hypotenuse b berechnet haben, gibt es für die Seite c im dritten Schritt neben der Berechnung mit $\tan \alpha$ oder $\tan \gamma$ noch zwei weitere Möglichkeiten: die Berechnung mit $\cos \alpha$ und mit dem Satz des PYTHAGORAS. Es gibt also durchaus mehrere Lösungswege.

Beispielaufgabe

Berechnung mit verschiedenen Winkelfunktionen:
Im Dreieck ABC sind gegeben:
$\alpha = 90°, \gamma = 41{,}5°, a = 7{,}2$ cm.

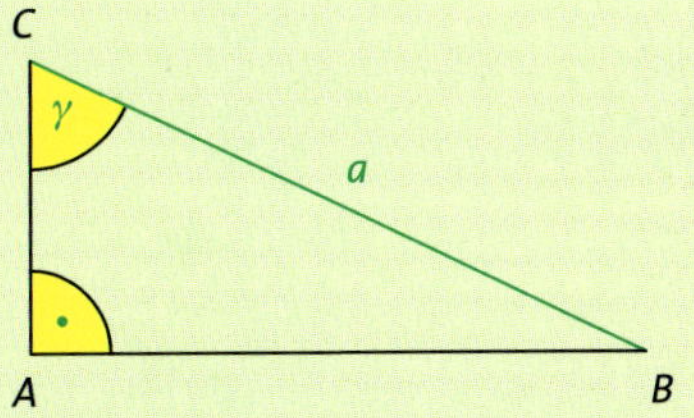

Gesucht: β, b, c.

Situation: $\alpha = 90°$, a ist Hyp.

1. Berechnung von β mit dem Innenwinkelsatz:
   $90° + \beta + 41{,}5° = 180°$
   $\beta = 48{,}5°$
   Der Winkel β beträgt 48,5°.

Zur Berechnung der Seiten b und c gibt es wieder verschiedene Möglichkeiten.

- Die Kathete b (Ak γ) können wir über $\cos \gamma = \frac{b}{a}$ berechnen;
  wir können die Kathete b (Gk β) aber auch über $\sin \beta = \frac{b}{a}$ berechnen.

- Die Kathete c (Gk γ) können wir über $\sin\gamma = \frac{c}{a}$ berechnen;
  wir können die Kathete c (Ak β) aber auch über $\cos\beta = \frac{c}{a}$ berechnen.

Auch hier ist es wieder möglich, nur mit gegebenen Größen zu rechnen.
Da γ und a gegeben sind, sind die Ansätze $\cos\gamma = \frac{b}{a}$ und $\sin\gamma = \frac{c}{a}$ günstig.

2. Berechnung der Kathete b (Ak γ) mit Hilfe von $\cos\gamma$:
   $\cos\gamma = \frac{\text{Ak}\,\gamma}{\text{Hyp}} = \frac{b}{a}$
   $b = a \cdot \cos\gamma = 7{,}2 \cdot \cos 41{,}5° \approx 5{,}39$
   Die Seite b ist 5,39 cm lang.

3. Berechnung der Kathete c (Gk γ) mit Hilfe von $\sin\gamma$:
   $$\sin\gamma = \frac{\text{Gk}\,\gamma}{\text{Hyp}} = \frac{c}{a}$$
   $$\sin 41{,}5° = \frac{c}{7{,}2} \qquad | \cdot 7{,}2$$
   $$7{,}2 \cdot \sin 41{,}5° = c$$
   $$c \approx 4{,}77$$
   Die Seite c ist 4,77 cm lang.

Wären wir nicht nur von gegebenen Größen ausgegangen, dann hätten wir im dritten Schritt die Seite c auch über $\cos\beta$, $\tan\gamma$ oder den Satz des PYTHAGORAS berechnen können.

Übung 1

Im Dreieck ABC sind gegeben:

a) $\gamma = 90°$; $\alpha = 63{,}7°$; $b = 6{,}12$ cm **b)** $\alpha = 90°$; $a = 4{,}2$ cm; $\beta = 37°$.

Fertige eine Skizze an, beschreibe die Situation und berechne alle fehlenden Größen nur mit Hilfe der gegebenen.

Übung 2

Genau über X-Dorf, das 68 km vom Flughafen in Y-Stadt entfernt liegt, setzt ein Flugzeug mit dem Winkel $\alpha = 5°$ zum Sinkflug an.

a) Welche Flugstrecke legt das Flugzeug noch bis zu seiner Landung auf dem Flughafen in Y-Stadt zurück?

b) In welcher Höhe befindet sich das Flugzeug über X-Dorf?

Übung 3

Ein Forschungsunterseeboot peilt von der Wasseroberfläche die 45 m über dem Meeresspiegel liegende Spitze eines Leuchtturmes unter dem Höhenwinkel $\alpha = 3°$ an.
Wie weit ist das Boot vom Fuß des Leuchtturmes entfernt?

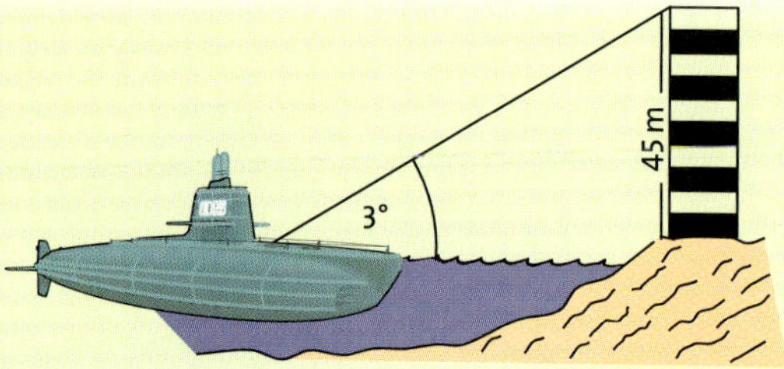

Übung 4

Im Dreieck *ABC* sind gegeben: $\gamma = 90°$, $a = 4{,}2$ cm, $\beta = 37°$.
Berechne die unbekannten Seiten und Winkel.

5 Die Umkehrungen: $\sin^{-1}$, $\cos^{-1}$ und $\tan^{-1}$

In diesem Kapitel wirst du nun lernen, aus gegebenen Seiten Winkel zu berechnen.

Seite
Seite —Winkelfunktionen→ Winkel

Sind in einem rechtwinkligen Dreieck zwei Seiten bekannt, so kannst du einen der Quotienten

$\frac{\text{Gk}\,\alpha}{\text{Hyp}}$; $\frac{\text{Ak}\,\alpha}{\text{Hyp}}$; $\frac{\text{Gk}\,\alpha}{\text{Ak}\,\alpha}$

($\sin\alpha$) ($\cos\alpha$) ($\tan\alpha$)

berechnen, d.h. du kennst **sin α, cos α**, oder **tan α**, aber **noch nicht** den **Winkel α**.

A Zeichnerische Ermittlung von $\sin^{-1}$ und $\cos^{-1}$

Sind beispielsweise im rechtwinkligen Dreieck *ABC* mit $\gamma = 90°$ die Seiten $a = 4{,}2$ cm und $c = 7{,}0$ cm bekannt, so kannst du weder α noch β über den Innenwinkelsatz berechnen.

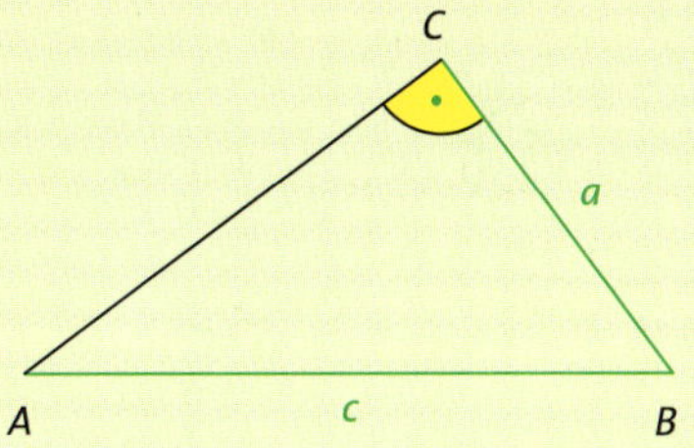

Willst du nun den Winkel α berechnen, so musst du die gegebene Situation im Hinblick auf den Winkel α beschreiben:

Situation: $\gamma = 90°$, c ist Hyp, a ist Gk α.

Damit gilt: $\sin\alpha = \frac{\text{Gk}\,\alpha}{\text{Hyp}} = \frac{a}{c} = \frac{4{,}2}{7{,}0} = 0{,}6$

Also: $\sin\alpha = 0{,}6$

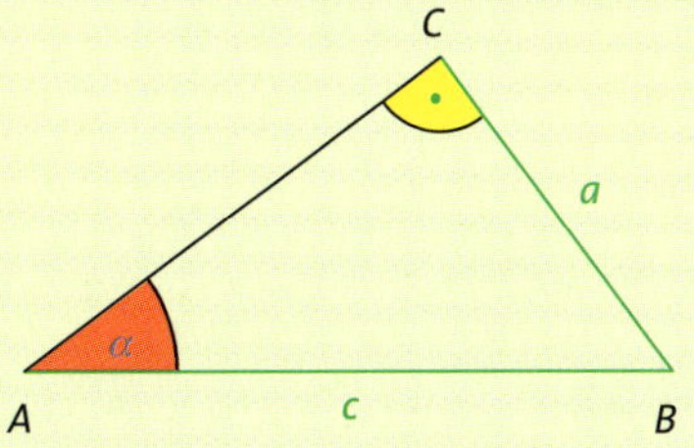

Dir ist nun **sin α** bekannt, der **Winkel α** aber **noch nicht**.

Willst du den Winkel β berechnen, so musst du die gegebene Situation im Hinblick auf den Winkel β beschreiben:

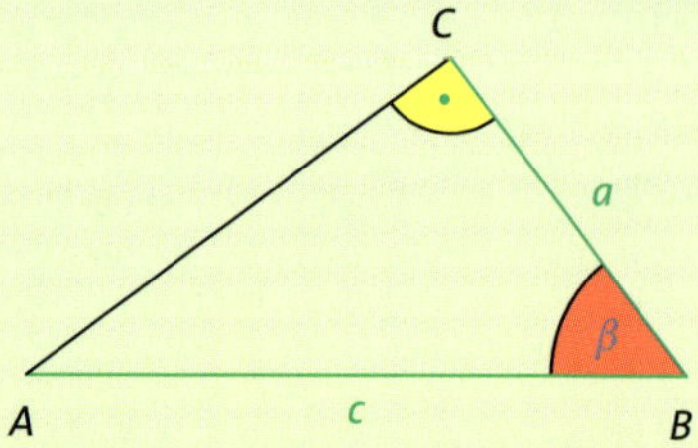

Situation: $\gamma = 90°$, c ist Hyp, a = Ak β.

Damit gilt: $\cos\beta = \frac{\text{Ak}\,\beta}{\text{Hyp}} = \frac{a}{c} = \frac{4{,}2}{7{,}0} = 0{,}6$

Also: $\cos\beta = 0{,}6$

Dir ist nun auch **cos β** bekannt, der **Winkel β** aber **noch nicht**.

Bisher hast du mit Hilfe des Viertelkreises (Einheitskreis) zu einem gegebenen Winkel α den zugehörigen Wert für sin α bzw. cos α zeichnerisch ermittelt. Mit Hilfe derselben Zeichnung kannst du auch umgekehrt zu einem vorgegebenen Sinus- bzw. Kosinuswert den jeweils zugehörigen Winkel ermitteln.

Noch einmal die Ausgangssituation:
$\sin\alpha = 0{,}6$, α ist gesucht;
$\cos\beta = 0{,}6$, β ist gesucht.

Ermittlung von α mit sin α:

1. Du trägst auf der y-Achse den Wert für sin α ab.
2. Nun zeichnest du die Parallele zur x-Achse durch die markierte Stelle auf der y-Achse; sie schneidet den Viertelkreis im Punkt R.
3. Die Strecke $\overline{RP}$ bildet mit der x-Achse den gesuchten Winkel α.

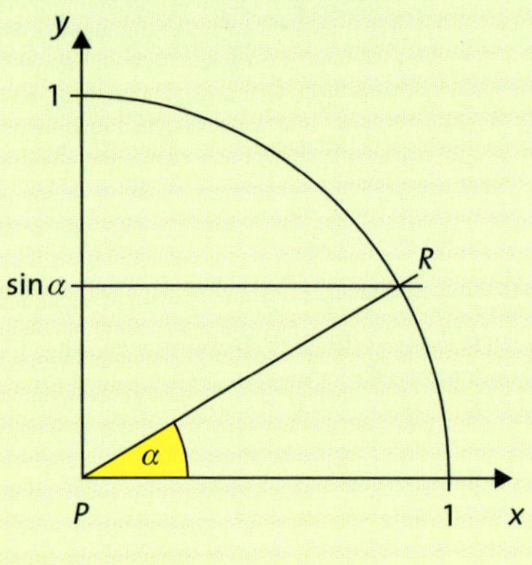

Ermittlung von β mit cos β:

1. Du trägst auf der x-Achse den Wert für cos β ab.
2. Dann zeichnest du die Parallele zur y-Achse durch die markierte Stelle auf der x-Achse; sie schneidet den Viertelkreis im Punkt R.
3. Die Strecke $\overline{RP}$ bildet mit der x-Achse den gesuchten Winkel β.

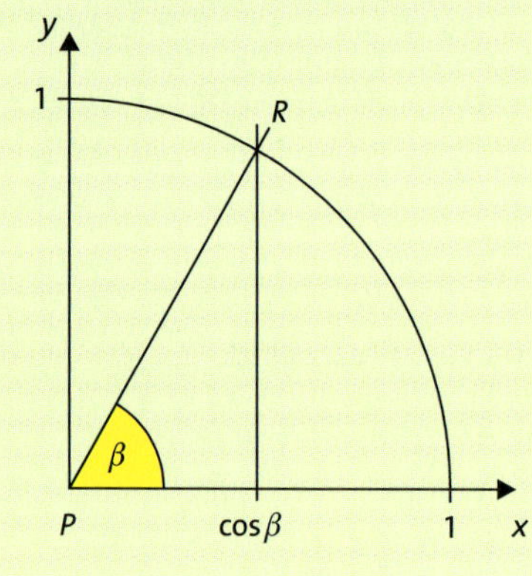

Nun du selbst:

Übung 1

a) Ermittle zeichnerisch zu $\sin\alpha = 0{,}6$ und $\cos\beta = 0{,}6$ die zugehörigen Winkel.

b) Ermittle ebenso zu $\sin\alpha = 0{,}7$ und $\cos\beta = 0{,}7$ die zugehörigen Winkel.

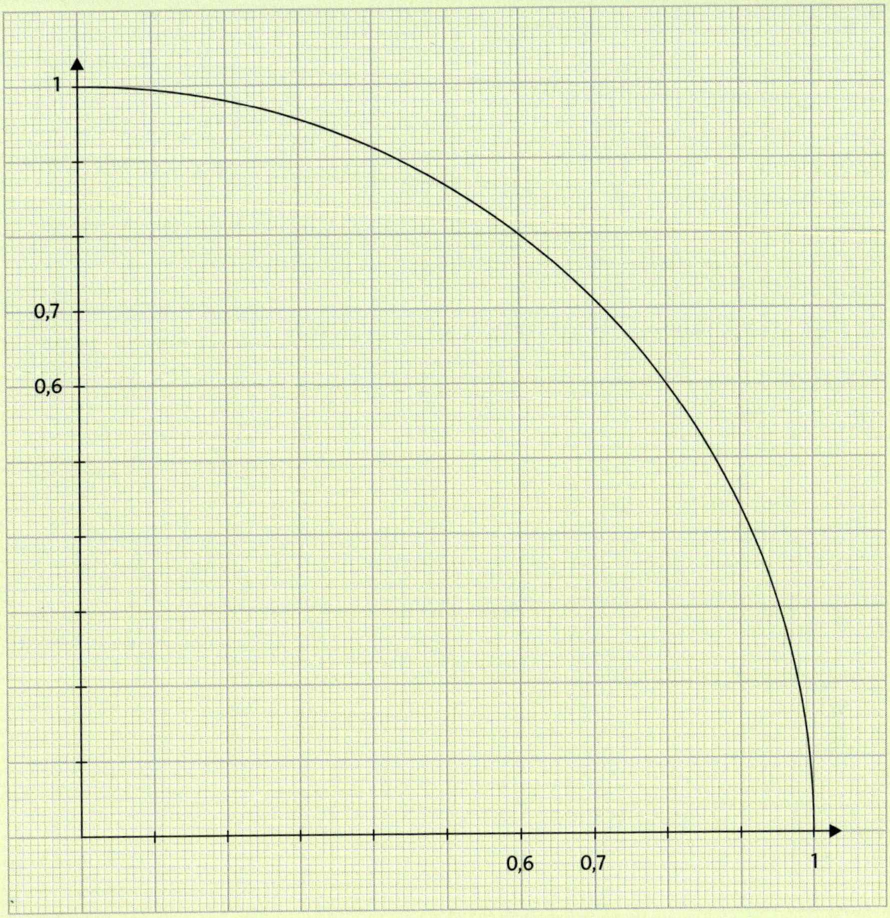

sin α	0,6	0,7
α		

cos β	0,6	0,7
β		

In diesem Kapitel hast zu z. B.

- zu sin $\alpha = 0{,}6$ den Winkel $\alpha \approx 37°$ bzw.
- zu cos $\beta = 0{,}6$ den Winkel $\beta \approx 53°$ zeichnerisch ermittelt.

Normalerweise ermittelt man den Winkel jedoch mit dem Taschenrechner.

B Ermittlung von $\sin^{-1}$, $\cos^{-1}$ und $\tan^{-1}$ mit dem Taschenrechner

$\sin^{-1}$ mit dem Taschenrechner

Für die verschiedenen Sinuswerte kannst du die zugehörigen Winkelgrößen direkt aus deinem Taschenrechner abrufen.

So rufst du zu sin $\alpha = 0{,}6$ den zugehörigen Winkel α ab:

1. Taschenrechner auf DEG einstellen.
2. Je nach Taschenrechner die Tastenfolge: [inv] [sin] oder [2nd] [sin] oder [SHIFT] [sin].
3. Eingabe: 0.6
4. [=] 36.869897...

Das folgende Schaubild macht dir den Zusammenhang zwischen dem Sinus und seiner Umkehrung ($\sin^{-1}$) deutlich:

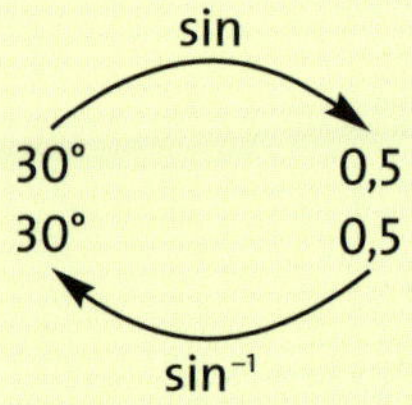

$\sin^{-1} 0{,}5$ ist derjenige Winkel α, für den gilt: $\sin \alpha = 0{,}5$.
Allgemein:

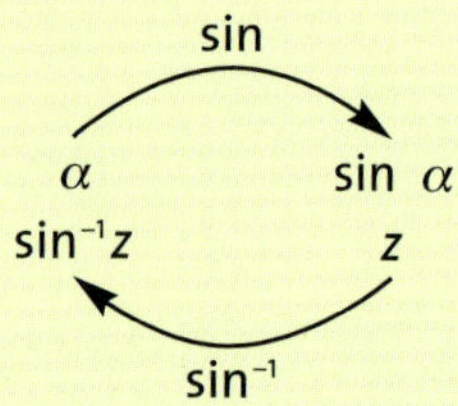

$\sin^{-1} z$ ist derjenige Winkel α, für den gilt: $\sin \alpha = z$.
Anmerkung: Die Zahl z darf natürlich nicht größer als 1 sein, weil es keinen Winkel α gibt, für den der sin-Wert größer als 1 ist. Versuchst du, $\sin^{-1} 1{,}5$ mit dem Taschenrechner zu berechnen, erscheint E(rror).
Die Ermittlung von $\cos^{-1}$ und $\tan^{-1}$ mit dem Taschenrechner erfolgt ganz entsprechend.

Beispielaufgabe

Mit dem Taschenrechner ermittelte Winkelgrößen:
(Alle Ergebnisse sind auf die erste Stelle hinter dem Komma gerundet.)

z	0,2	0,4	0,7	1,2	5
$\sin^{-1} z$	11,5°	23,6°	44,4°	E	E
$\cos^{-1} z$	78,5°	66,4°	45,6°	E	E
$\tan^{-1} z$	11,3°	21,8°	35,0°	50,2°	78,7°

Übung 2

a) Ermittle den Winkel α mit dem Taschenrechner. Runde auf die erste Stelle hinter dem Komma.

$\cos\alpha = 0{,}12$ $\alpha =$ ___________

$\sin\alpha = 0{,}45$ $\alpha =$ ___________

$\tan\alpha = 1{,}25$ $\alpha =$ ___________

b) Fülle die Tabelle aus. Runde auf die erste Stelle hinter dem Komma.

z	0,1	0,35	0,712	12,3	4678
$\sin^{-1} z$					
$\cos^{-1} z$					
$\tan^{-1} z$					

C Berechnung von Winkeln aus Seiten

Mit Hilfe von $\sin^{-1}$, $\cos^{-1}$ und $\tan^{-1}$ kannst du nun aus Seiten auch Winkel berechnen. Dies ist immer dann erforderlich, wenn zwei Seiten und nur ein Winkel gegeben sind.

Beispielaufgabe

Berechnung eines Winkels mit Hilfe von $\cos^{-1}$:
Aus Sicherheitsgründen soll der Anstellwinkel einer Leiter zwischen 70° und 75° liegen. Ist eine 6 m lange Leiter vorschriftsmäßig angestellt, wenn ihr Fuß 2,50 m von der Wand entfernt steht?
Im Dreieck *ABC* sind gegeben:
$\beta = 90°$, $l = 6$ m, $e = 2{,}50$ m.

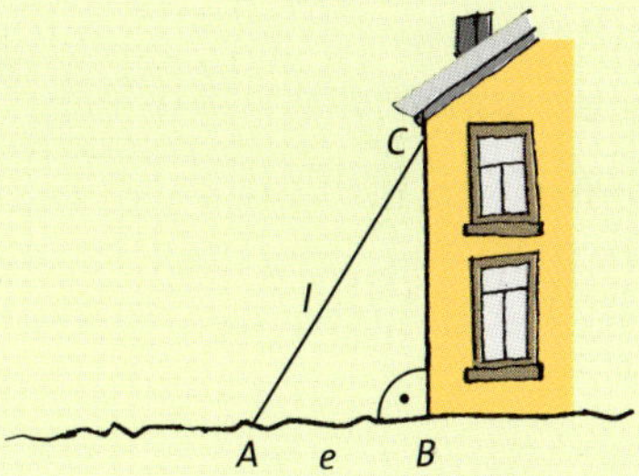

Gesucht: Anstellwinkel α.

Situation: $\beta = 90°$, l ist Hyp, e ist Ak α.
Gegeben sind nur ein Winkel und zwei Seiten.

Berechnung: Da Ak α und Hyp bekannt sind, wählt man den Ansatz:

$$\cos\alpha = \frac{\text{Ak}\,\alpha}{\text{Hyp}} = \frac{e}{l}$$

$$\cos\alpha = \frac{2{,}5}{6} = 0{,}41666\ldots$$

Da der Kosinuswert nun bekannt ist, erhältst du den gesuchten Winkel über $\cos^{-1}$ mit dem Taschenrechner.
Also $\alpha = 65{,}38°$ (gerundet)

Antwort: Die Leiter ist nicht vorschriftsmäßig angestellt, da ihr Anstellwinkel 65,38° beträgt und so außerhalb des Sicherheitsbereiches liegt.

Übung 3

Eine 6 m lange Leiter reicht an einer Hauswand 5,70 m hoch. Liegt der Anstellwinkel im Sicherheitsbereich zwischen 70° und 75°?
Fertige eine Skizze an, beschreibe die Situation und berechne den Anstellwinkel.

Mit diesen Umkehrungen kannst du nun im rechtwinkligen Dreieck zwei weitere Aufgabentypen berechnen.

Beispielaufgabe

Im Dreieck *ABC* sind gegeben:
$\gamma = 90°$, $b = 5$ cm, $c = 9$ cm.

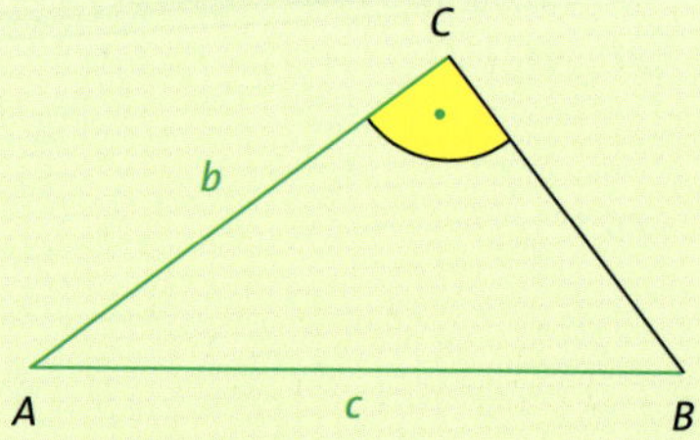

Gesucht: α, β und a.

Situation: $\gamma = 90°$, c ist Hyp; b ist Ak α und Gk β.

1. Berechnung von α: b (Ak α) und c (Hyp) sind bekannt.
   $\cos\alpha = \frac{\text{Ak}\,\alpha}{\text{Hyp}} = \frac{b}{c}$
   $\cos\alpha = \frac{5}{9} = 0{,}555\ldots$
   $\alpha = 56{,}25°$ (gerundet)

Anmerkung: Hier hättest du zuerst auch β mit $\sin^{-1}$ berechnen können.

2. Berechnung von β:
   Den Winkel β kannst du nun mit dem Innenwinkelsatz berechnen.
   Der Winkel β beträgt 33,75°.

3. Berechnung von a:
   Mit dem Satz des Pythagoras lässt sich auch die unbekannte Seite a leicht berechnen.
   Die Kathete a ist 7,48 m lang.

Anmerkung: Die Seite a könnte auch mit einer Winkelfunktion berechnet werden. Wir ziehen hier aber die Rechnung mit dem Pythagoras vor, weil wir so nur mit gegebenen Größen rechnen können.

Übung 4

Im Dreieck *ABC* sind gegeben: $\gamma = 90°$: $c = 8{,}4$ cm; $a = 3{,}2$ cm.
Berechne α und β mit Hilfe von Winkelfunktionen und benutze den Innenwinkelsatz zur Probe. Berechne dann die Seite b nur mit gegebenen Größen.

Beispielaufgabe

Im Dreieck *ABC* sind gegeben:
$\gamma = 90°$, $a = 6$ cm, $b = 8$ cm.

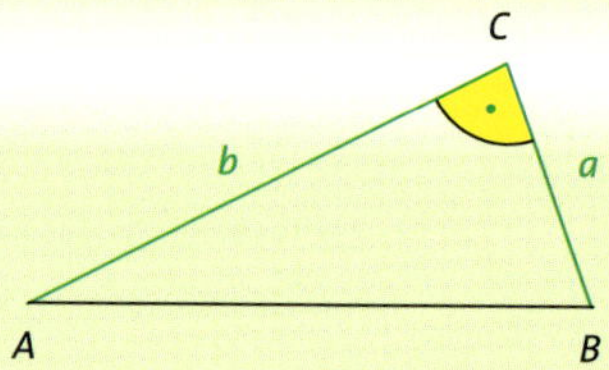

Gesucht: α, β und c.

Situation: $\gamma = 90°$; a ist Gk α und Ak β;
b ist Ak α und Gk β.

1. Berechnung von α: a (Gk α) und b (Ak α) sind bekannt.
   $\tan\alpha = \frac{\text{Gk}\,\alpha}{\text{Ak}\,\alpha} = \frac{a}{b}$

   $\tan\alpha = \frac{6}{8} = 0{,}75$
   Also: $\alpha = 36{,}87°$ (gerundet)
2. Berechnung von β mit dem Innenwinkelsatz:
   Der Winkel β beträgt 53°.
3. Berechnung von c mit dem Satz des PYTHAGORAS:
   Die Hypotenuse c ist 10 cm lang.

Übung 5

Im Dreieck *ABC* sind gegeben:
a) $\alpha = 90°$; $b = 4{,}3$ cm; $c = 6{,}8$ cm **b)** $\alpha = 90°$; $a = 7{,}9$ cm; $c = 4{,}8$ cm
Fertige eine Skizze an, beschreibe die Situation und berechne die fehlenden Größen.

6 Weiterführende Berechnungen an Flächen und Körpern

A Berechnungen an gleichschenkligen Dreiecken durch Zerlegung

Beispielaufgabe

Der Dachquerschnitt eines Hauses ist ein gleichschenkliges Dreieck. Die Breite des Hauses beträgt $b = 11$ m, die Sparrenlänge $s = 6{,}70$ m. Nach dem Bebauungsplan darf die Dachneigung 35° nicht überschreiten. Entspricht die Dachneigung α dieses Hauses der Bauvorschrift?

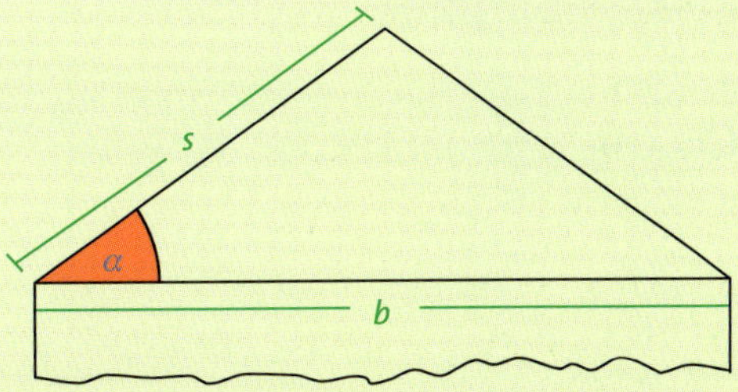

Das Dreieck *ABC* ist *nicht rechtwinklig*. Da du Winkelfunktionen aber bisher nur in rechtwinkligen Dreiecken anwenden kannst, musst du das Dreieck *ABC* so *zerlegen*, dass du ein rechtwinkliges Dreieck erhältst. Meistens bietet sich dafür eine der Dreieckshöhen an, da sie senkrecht (rechtwinklig) auf der zugehörigen Grundseite steht.

Im gleichschenkligen Dreieck *ABC* halbiert die Höhe h_b die Basis *b*. Das Teildreieck *ADC* ist rechtwinklig.

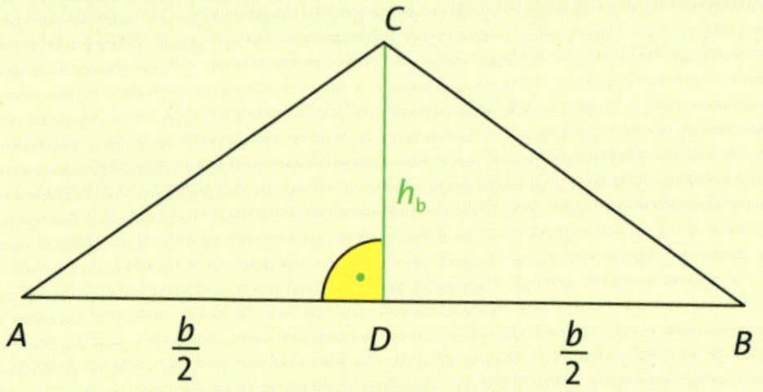

Im Dreieck *ADC* sind gegeben:
$\delta = 90°, s = 6{,}70\text{ m}, \frac{b}{2} = 5{,}50\text{ m}.$

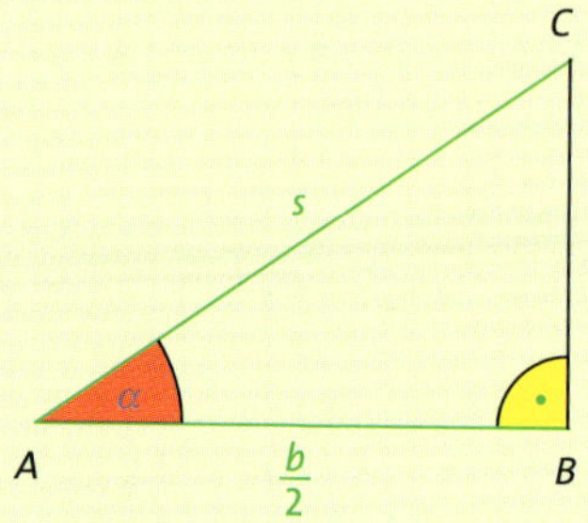

Gesucht: α.

Situation: $\delta = 90°$, s ist Hyp, $\frac{b}{2}$ ist Ak α.

Berechnung: Ak α und Hyp sind bekannt.

$$\cos\alpha = \frac{\text{Ak}\,\alpha}{\text{Hyp}} = \frac{\frac{b}{2}}{s}$$

$$\cos\alpha = \frac{5{,}50}{6{,}70} = 0{,}82089\ldots$$

$$\alpha = 34{,}83° \text{ (gerundet)}$$

Antwort: Die Dachneigung beträgt 34,83°, erfüllt also die Bauvorschrift.

Übung 1

Die Seiten einer Stehleiter sind 2,40 m lang. Sie bilden einen Winkel von $\alpha = 43°$.
Wie hoch reicht die Leiter?
Fertige zuerst eine Skizze des zugrunde liegenden gleichschenkligen Dreiecks an und zerlege wie im Beispiel.

B Berechnungen an Vierecken

Beispielaufgabe

Berechnung der Fläche eines Parallelogramms:
Im Parallelogramm *ABCD* sind gegeben:
$a = 7\text{ cm}, b = 5\text{ cm}, \alpha = 65°.$

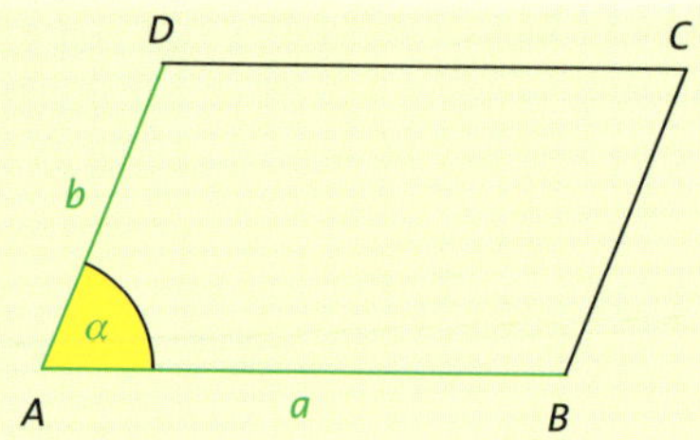

Gesucht: Flächeninhalt $A_{\square}$.

Erinnere dich: Die Formel zur Berechnung des Flächeninhalts eines Parallelogramms lautet:
$A_{\square} = g \cdot h$
Dabei ist g die Länge einer Seite und *h* die Länge der zugehörigen Höhe.
Entsprechend gilt hier: $A_{\square} = a \cdot h_a$.
Die Höhe h_a muss noch berechnet werden. Dazu wird h_a so in das Parallelogramm eingezeichnet, dass ein *geeignetes rechtwinkliges Teildreieck* entsteht.

Im rechtwinkligen Teildreieck *AED* sind gegeben:
rechter Winkel bei *E*: $\varepsilon = 90°$, $\alpha = 65°$, $b = 5$ cm.

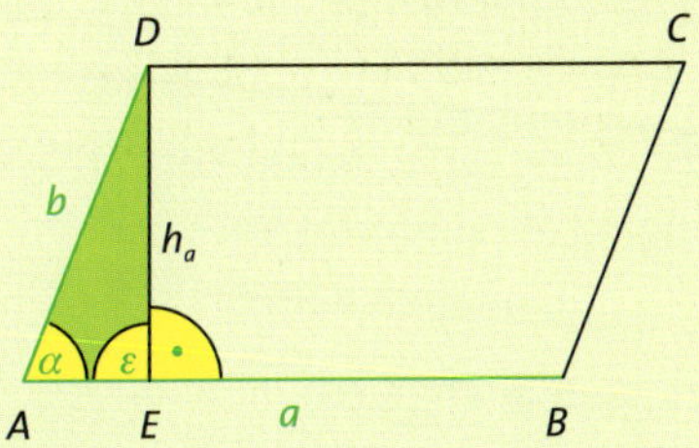

Gesucht: h_a.

Situation: $\varepsilon = 90°$, *b* ist Hyp.

1. Berechnung von h_a (Gk α) mit Hilfe von sin α:
   $\sin\alpha = \frac{\text{Gk}\,\alpha}{\text{Hyp}} = \frac{h_a}{b}$
   $h_a = b \cdot \sin\alpha = 4{,}53$ (gerundet)
2. Berechnung der Fläche *A* mit Hilfe der Flächenformel:
   $A_{\square} = a \cdot h_a = 31{,}71$.

Antwort: Der Flächeninhalt des Parallelogramms beträgt 31,71 cm^2.

Anmerkung: Setzt du in die Flächenformel nicht den Zahlenwert für h_a ein, sondern den Term $b \cdot \sin\alpha$, so erhältst du eine neue Flächenformel für den Flächeninhalt eines Parallelogramms, nämlich $A_{\square} = a \cdot b \cdot \sin\alpha$ ($a \cdot b \cdot$ Sinus des eingeschlossenen Winkels).

Übung 2

Im Rechteck *ABCD* sind gegeben:
$a = 4$ cm, $b = 3$ cm.
Wie groß sind die Winkel α_1 und γ_1, die die Diagonale *d* mit den Seiten *a* und *b* einschließt?

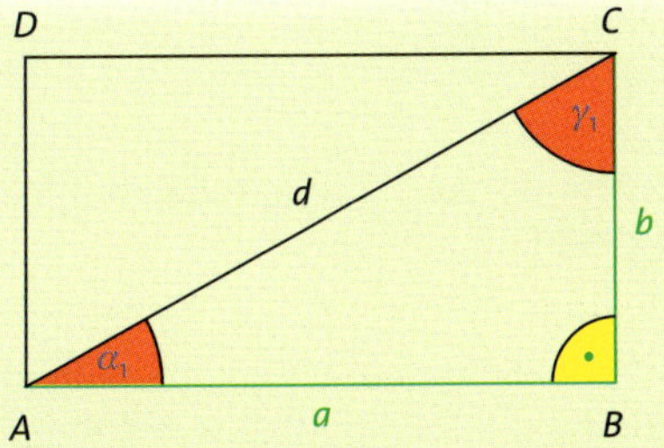

Übung 3

Ein Bahndamm hat die Form eines gleichschenkligen Trapezes mit den Größen:
$a = 12$ m, $c = 8$ m, $s = 3{,}50$ m.
Berechne die Höhe *h* und den Böschungswinkel α.
Hinweis: Berechne zuerst *x*.

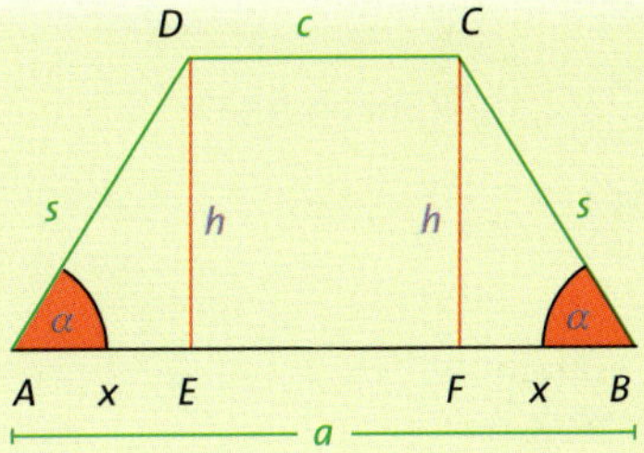

C Berechnungen an Körpern

Auch wenn du in einem Körper Seiten und Winkel berechnen willst, musst du ein geeignetes rechtwinkliges Dreieck in diesem Körper suchen.

Beispielaufgabe

Berechnungen im Quader:
Im nebenstehenden Quader sind gegeben:
$a = 4$ cm, $b = 3$ cm, $c = 12$ cm.
Welchen Winkel α schließen die Flächendiagonale d_F und die Raumdiagonale d_R ein?

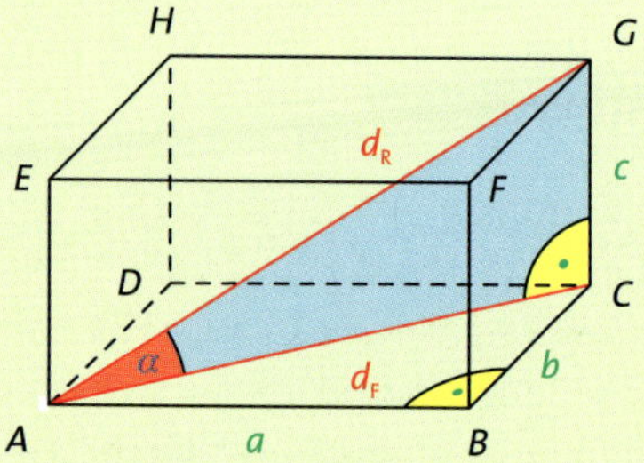

1. Mit dem Satz des PYTHAGORAS kannst du im rechtwinkligen Dreieck *ABC* die Flächendiagonale d_F berechnen. Daraus ergibt sich: $d_F = 5$ cm.

2. Damit kannst du im rechtwinkligen Dreieck *ACG* mit dem Satz des PYTHAGORAS die Raumdiagonale d_R berechnen. Daraus ergibt sich: $d_R = 13$ cm.

Im rechtwinkligen Dreieck *ACG* sind damit gegeben:
rechter Winkel bei *C*: $\gamma = 90°$,
$d_F = 5$ cm, $d_R = 13$ cm.

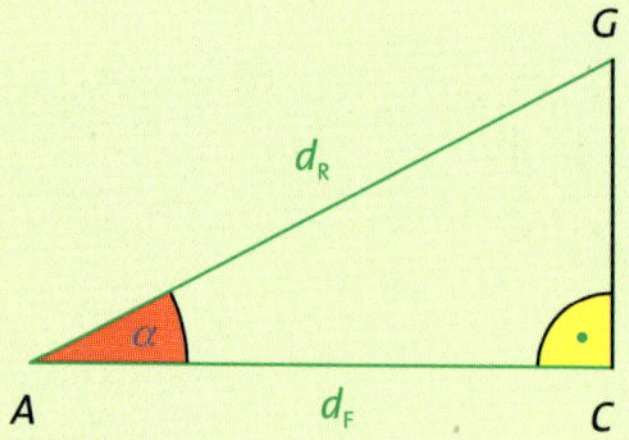

Gesucht: α.

Situation: $\gamma = 90°$, d_R ist Hyp, d_F ist Ak α.

3. Berechnung des Winkels α: Ak α und Hyp sind bekannt.

$$\cos \alpha = \frac{\text{Ak } \alpha}{\text{Hyp}} = \frac{d_F}{d_R} = \frac{5}{13} = 0{,}3846\ldots$$

$\alpha = 67{,}38°$ (gerundet)

Antwort: Die Flächendiagonale d_F und die Raumdiagonale d_R schließen den Winkel $\alpha = 67{,}38°$ ein.

Übung 4

Gegeben ist ein Würfel mit der Kantenlänge $a = 8$ cm. Berechne den Winkel α, den die Flächendiagonale d_F mit der Raumdiagonalen d_R einschließt.
Fertige zuerst eine Skizze an, bestimme dann die rechtwinkligen Dreiecke und berechne d_F und d_R. Berechne dann den Winkel α und formuliere eine Antwort.

Übung 5

Bei einer Höhe: $\overline{AB} = 47$ m ist der Schiefe Turm von Pisa 4,50 m gegen die Senkrechte geneigt.
Welchen Neigungswinkel α hat er gegenüber der Senkrechten?

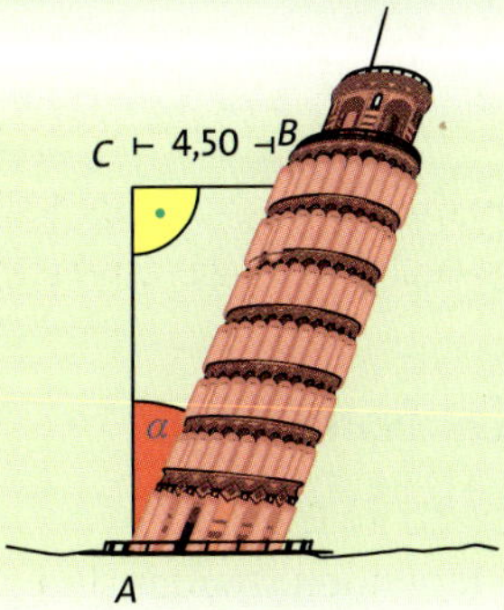

Übung 6

Die Cheopspyramide in Ägypten hat eine quadratische Grundfläche der Seitenlänge $a = 230$ m und eine Höhe h von 137 m.
Berechne den Winkel α zwischen der Diagonalen $\overline{AC}$ und der Seitenkante $\overline{AS}$.
Hinweis: Rechne im rechtwinkligen Dreieck AFS.

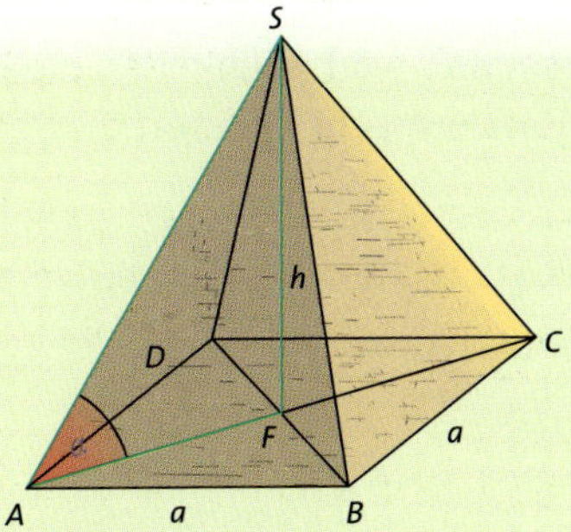

Übung 7

Im Parallelogramm $ABCD$ sind gegeben: $\overline{AB} = 7{,}4$ cm; $\overline{AD} = 4{,}9$ cm; $\alpha = 23°$.

a) Berechne den Flächeninhalt des Parallelogramms.

b) Berechne die Länge der Diagonalen $\overline{BD}$.

7 Sinus und Kosinus als Funktion beliebiger Winkel

A Erweiterung von Sinus und Kosinus auf beliebige Winkel

Die Veranschaulichung des Sinus und Kosinus am Einheitskreis hat dir gezeigt:
Der Punkt R auf dem Einheitskreis ist durch den Winkel α eindeutig bestimmt.
Für den Punkt R gilt:
Seine x-Koordinate ist $\cos\alpha$,
seine y-Koordinate ist $\sin\alpha$.
Die Koordinaten des Punktes R lassen sich also auch so notieren: $R(\cos\alpha;\, \sin\alpha)$.

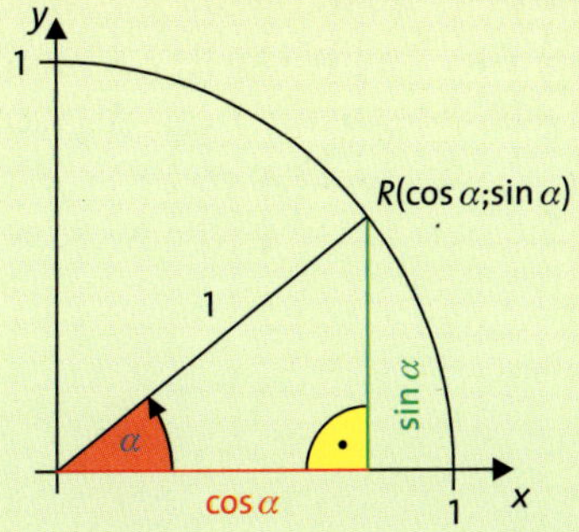

Auch für Winkel, die größer als 90° sind, lässt sich der Punkt R so definieren.
Nehmen wir z.B. den Winkel 130°:
R liegt hier links von der y-Achse, seine x-Koordinate ist also negativ, d.h. cos 130° ist negativ.
Der Taschenrechner liefert:
cos 130° = – 0,6427…

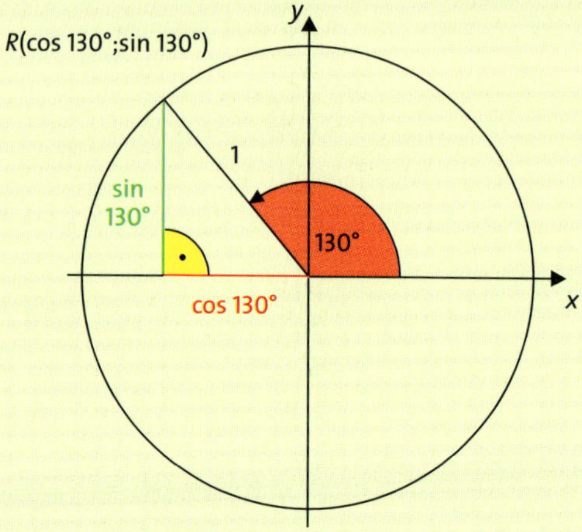

R liegt oberhalb der x-Achse, seine y-Koordinate ist also positiv, d.h. sin 130° ist positiv.
Der Taschenrechner liefert:
sin 130° = 0,7660…

Die Koordinaten von R lauten hier also gerundet: R(– 0,64;0,77).

Übung 1

Trage Sinus und Kosinus des Winkels in die Skizze ein. Formuliere dann wie oben und ermittle cos 212° und sin 212° mit dem Taschenrechner.

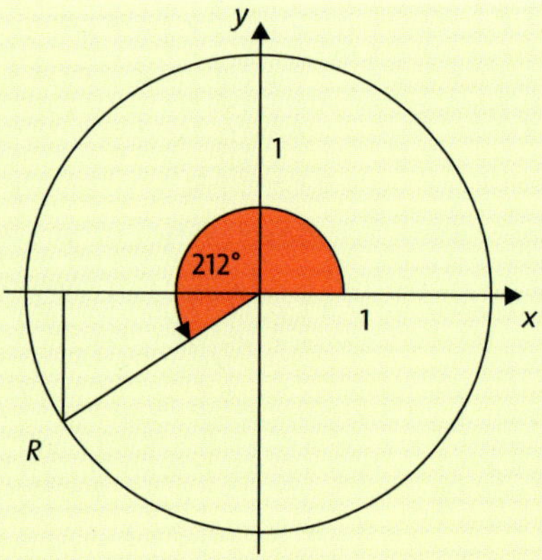

R liegt ____________________ von der y-Achse,

cos 130° ist also ____________________.

R liegt ____________________ der x-Achse,

sin 130° ist also ____________________.

R (cos 212°;sin 212°)

R (__________ ; __________)

Zu **jedem** Winkel α gibt es einen eindeutig bestimmten Punkt R auf dem Einheitskreis.
Für seine x-Koordinate gilt: $x = \cos \alpha$;
für seine y-Koordinate gilt: $y = \sin \alpha$.
In Koordinatenschreibweise: $R(\cos \alpha;\sin \alpha)$

Am vollständigen Einheitskreis kannst du folgende **Sonderfälle** ablesen:
$\alpha = 0°$ ergibt $R(1;0)$. Also: cos 0° = 1 und sin 0° = 0.
$\alpha = 90°$ ergibt $R(0;1)$. Also: cos 90° = 0 und sin 90° = 1.
$\alpha = 180°$ ergibt $R(-1;0)$. Also: cos 180° = –1 und sin 180° = 0.

Übung 2

Ergänze wie oben und ermittle so die entsprechenden Sinus- und Kosinuswerte.

a) $\alpha = 270°$ ergibt _________. Also: cos 270° = _________, sin 270° = _________.

b) $\alpha = 360°$ ergibt _________. Also: cos 360° = _________, sin 360° = _________.

Willst du nun $\alpha = 390°$ antragen, bist du nach 360° wieder an der Ausgangsstelle und brauchst nur noch 30° anzutragen. D. h. der durch $\alpha = 390°$ bestimmte Punkt *R* ist derselbe wie der durch $\alpha = 30°$ bestimmte.

Also gilt: $\sin 390° = \sin(360° + 30°) = \sin 30°$

$\cos 390° = \cos(360° + 30°) = \cos 30°$

Entsprechend gilt: $\sin 470° = \sin(360° + 110°) = \text{sind } 110°$

$\cos 610° = \cos(360° + 250°) = \cos 250°$

$\sin(360° + \alpha) = \sin \alpha$

$\cos(360° + \alpha) = \cos \alpha$

Da sich die Sinus- und Kosinuswerte nach 360° jeweils wiederholen, nennt man sin und cos **periodisch**. Die Periodenlänge beträgt 360°.

Willst du $\alpha = 790°$ antragen, dann bist du nach 360° zum ersten Mal, nach 720° zum zweiten Mal wieder an der Ausgangsstelle und brauchst dann nur noch 70° anzutragen. Mit dieser Überlegung kannst du jeden Winkel auf einen Winkel zwischen 0° und 360° zurückführen.

Beispielaufgaben

a) $695° = 360° + 335° \rightarrow 335°$

b) $1766° = 4 \cdot 360° + 326° \rightarrow 326°$

Für 790° gilt nun: $\sin 790° = \sin(2 \cdot 360° + 70°) = \sin 70°$

$\cos 790° = \cos(2 \cdot 360° + 70°) = \cos 70°$

Übung 3

Führe auf einen Winkel zwischen 0° und 360° zurück.

a) 927° = _______________ → __________

b) 1090° = _______________ → __________

c) 3647° = _______________ → __________

Diese Zerlegung der Winkel macht dein Taschenrechner automatisch. Du kannst also ohne weiteres Winkel über 360° eintippen.

Bisher hast du nur Winkel größer als 0°, also positive Winkel, benutzt. Nun wirst du lernen, die Sinus- und Kosinuswerte auch für negative Winkel zu ermitteln.

Positive Winkel werden *gegen* den Uhrzeigersinn an die x-Achse angetragen.
Negative Winkel werden *mit* dem Uhrzeigersinn angetragen.

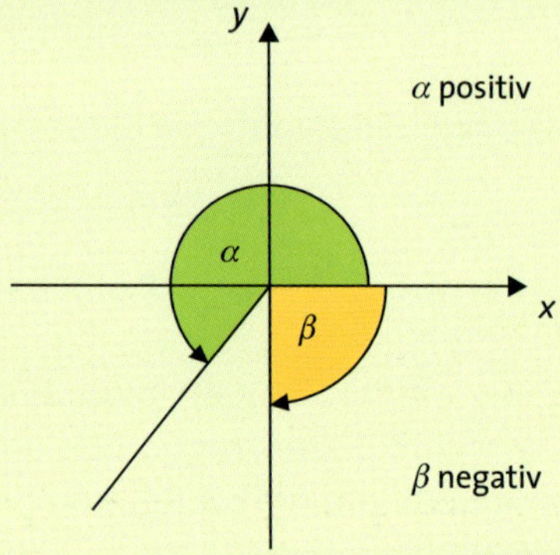

Der Winkel – 50° liefert denselben Punkt R wie der Winkel 310°.
Also gilt:
$\sin(-50°) = \sin(-50° + 360°) = \sin 310°$
$\cos(-50°) = \cos(-50° + 360°) = \cos 310°$

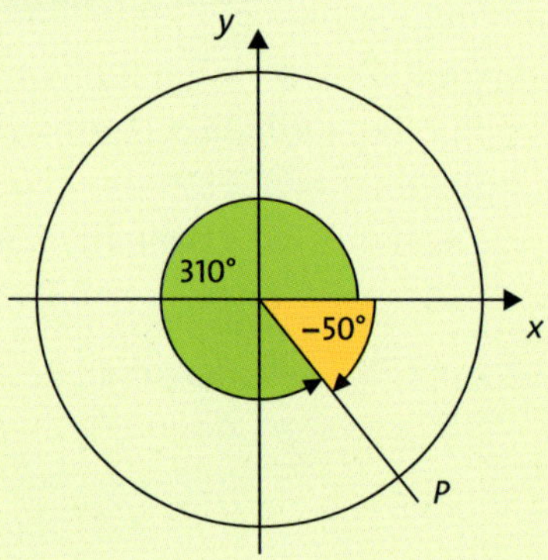

Die Definition: $\sin \alpha = \sin(360° + \alpha)$ und $\cos \alpha = \cos(360° + \alpha)$ gilt also auch für negative Winkel. Damit lassen sich auch die Sinus- und Kosinuswerte negativer Winkel auf die Sinus- und Kosinuswerte von Winkeln zwischen 0° und 360° zurückführen.

Beispielaufgabe

Zurückgeführte Winkelmaße überprüfen:

	$\sin(-112°)$	$= \sin(360° + (-112°)) = \sin 248°$
Taschenrechner:	$\sin(-112°)$	$= -0{,}9271\ldots$
	$\sin 248°$	$= -0{,}9271\ldots$

Übung 4

Führe auf Winkel zwischen 0° und 360° zurück und überprüfe mit dem Taschenrechner.

a) $\sin(-231°)$ **b)** $\sin(-304°)$ **c)** $\sin(-370°)$
d) $\cos(-261°)$ **e)** $\cos(-294°)$ **f)** $\cos(-470°)$

Da sich die Sinus- und Kosinuswerte beliebiger Winkel zurückführen lassen auf die Sinus- und Kosinuswerte von Winkeln zwischen 0° und 360°, braucht man nur die Sinus- und Kosinuswerte zwischen 0° und 360° zu kennen. Im Folgenden werden wir uns daher vor allem für diese Werte interessieren.

8 Berechnungen an beliebigen Dreiecken

A Der Sinussatz

Für jedes Dreieck gilt: $\frac{\sin\alpha}{a} = \frac{\sin\beta}{b} = \frac{\sin\gamma}{c}$.

Sind in einem Dreieck zum Beispiel a, γ und c gegeben, so wählst du, um α zu berechnen, die Gleichung $\frac{\sin\alpha}{a} = \frac{\sin\gamma}{c}$.
In dieser Gleichung sind nämlich drei Größen bekannt, du kannst also die vierte Größe berechnen.
Damit du eine der drei Gleichungen des Sinussatzes anwenden kannst, musst du drei der darin vorkommenden Größen kennen. Dir muss also die linke oder die rechte Seite der Gleichung vollständig bekannt sein, d. h. das Paar $(a, \sin\alpha)$ oder $(b, \sin\beta)$ oder $(c, \sin\gamma)$.

Du kannst den **Sinussatz** anwenden, wenn eine Seite und ihr gegenüberliegender Winkel, d. h. *ein Paar gegenüberliegender Größen* gegeben ist.

Untersuche also zunächst immer, ob dir ein solches Paar gegenüberliegender Größen bekannt ist, und entscheide dann, welche Größe du berechnen kannst.

Beispielaufgabe

Ansatz zur Berechnung einer Dreiecksgröße mit dem Sinussatz:
Im Dreieck *ABC* sind gegeben:
$\alpha = 43°$, $\beta = 28°$, $b = 4{,}9$ cm.

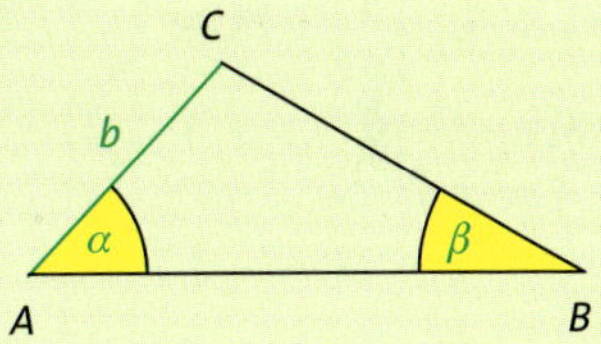

Gesucht: a, c, γ.

Situation: Das Paar (b, β) und α sind bekannt.

1. Du kannst jetzt a berechnen mit Hilfe der Gleichung:

$$\frac{\sin\alpha}{a} = \frac{\sin\beta}{b}. \quad | \text{ Kreuzweise multiplizieren.}$$

$$a \cdot \sin\beta = b \cdot \sin\alpha \quad | :\sin\beta$$

$$a = \frac{b \cdot \sin\alpha}{\sin\beta} = \frac{4{,}9\,\text{cm} \cdot \sin 43°}{\sin 28°} \approx 7{,}1\,\text{cm}$$

2. Um c zu berechnen, muss γ bekannt sein.

$$\gamma = 180° - \alpha - \beta = 180° - 43° - 28° = 109°$$

$$\frac{\sin\gamma}{c} = \frac{\sin\beta}{b}. \quad | \text{ Kreuzweise multiplizieren.}$$

$$c \cdot \sin\beta = b \cdot \sin\gamma \quad | : \sin\beta$$

$$c = \frac{b \cdot \sin\gamma}{\sin\beta} = \frac{4{,}9\text{ cm} \cdot \sin 109°}{\sin 28°} \approx 9{,}9\text{ cm}$$

Übung 1

a) Im Dreieck *ABC* sind gegeben: $\alpha = 72°$, $\gamma = 37°$, $a = 6{,}2$ cm.
Fertige eine Skizze an, beschreibe die Situation und notiere den Ansatz zur direkten Berechnung von c.

b) Im Dreieck *ABC* sind gegeben: $\beta = 84°$, $b = 12{,}3$ cm, $c = 8{,}1$ cm.
Fertige eine Skizze an, beschreibe die Situation und den günstigsten Ansatz zur direkten Berechnung von γ.

c) Im Dreieck *ABC* sind gegeben: $\beta = 64°$, $b = 12$ cm, $c = 5{,}1$ cm.
Fertige eine Skizze an, beschreibe die Situation und entscheide, ob du a oder α direkt mit dem Sinussatz berechnen kannst.

Eine Seite und zwei Winkel (WSW oder SWW) sind gegeben

Kennst du im Dreieck *ABC* die drei Größen α, β und c, so ist dir kein Paar gegenüberliegender Größen gegeben. Du kannst den Sinussatz also nicht direkt anwenden.
Da du aber zwei Winkel im Dreieck kennst, kannst du den dritten Winkel γ mit Hilfe des Innenwinkelsatzes berechnen. Dann kannst du den Sinussatz mit dem Paar (c, γ) anwenden.
Denke auch hier daran: Sind in einem Dreieck zwei Winkel gegeben, dann berechne zunächst immer den dritten Winkel mit dem Innenwinkelsatz!

Beispielaufgabe

Anwendung des Sinussatzes im Fall WSW:
Im Dreieck *ABC* sind gegeben:
$\alpha = 54°$, $\beta = 23°$, $c = 8{,}2$ cm.
Berechne die unbekannten Seiten und Winkel.

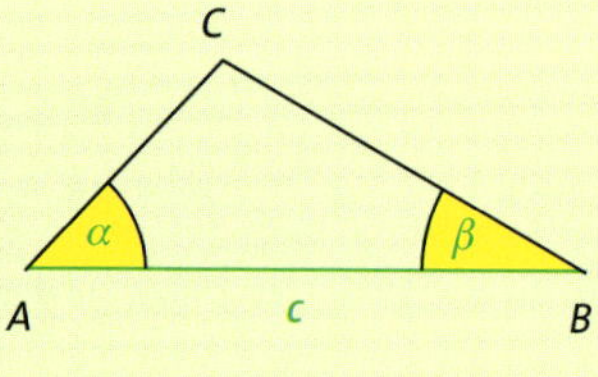

Situation: WSW, kein Paar gegenüberliegender Größen ist gegeben.

1. Berechnung von γ mit dem Innenwinkelsatz:

$$54° + 23° + \gamma = 180°$$
$$\gamma = 103°$$

Der Winkel γ beträgt 103°.

2. Berechnung von a mit dem Sinussatz: Das Paar (c, γ) und α sind bekannt.

$$\frac{a}{\sin\alpha} = \frac{c}{\sin\gamma}$$

$$\frac{a}{\sin 54°} = \frac{8{,}2}{\sin 103°} \quad | \cdot \sin 54°$$

$$a = \frac{8{,}2 \cdot \sin 54°}{\sin 103°} = 6{,}81$$

Die Seite a ist 6,81 cm lang.

3. Berechnung von b mit dem Sinussatz: Das Paar (c, γ) und β sind bekannt.

$$\frac{b}{\sin \beta} = \frac{c}{\sin \gamma}$$

$$\frac{b}{\sin 23°} = \frac{8{,}2}{\sin 103°} \quad | \cdot \sin 23°$$

$$b = \frac{8{,}2 \cdot \sin 23°}{\sin 103°} = 3{,}29$$

Die Seite b ist 3,29 cm lang.

Sind in einem Dreieck zwei Winkel und eine Seite gegeben (Grundkonstruktion WSW oder SWW), so kannst du mit dem **Innenwinkelsatz** und dem **Sinussatz** die unbekannten Größen berechnen.

Übung 2

Im Dreieck ABC sind gegeben: $b = 4{,}6$ cm, $\alpha = 63°$, $\gamma = 72°$.
Berechne die unbekannten Seiten und Winkel.

Zwei Seiten und ein nicht eingeschlossener Winkel sind gegeben (SSW)

Dabei können fünf unterschiedliche Situationen auftreten. Wir erläutern sie für den Fall, dass a, c und α die drei gegebenen Größen sind.
Erinnere dich an die Grundkonstruktion SSW. Man zeichnet zunächst c mit den Endpunkten A und B. An c in A wird der Winkel α angetragen. Dann wird der Kreis mit dem Mittelpunkt B und dem Radius a gezeichnet. C ist der Schnittpunkt dieses Kreises mit dem freien Schenkel des Winkels α. Je nachdem, wie groß a ist, wird dabei der freie Schenkel des Winkels α unterschiedlich oft geschnitten.

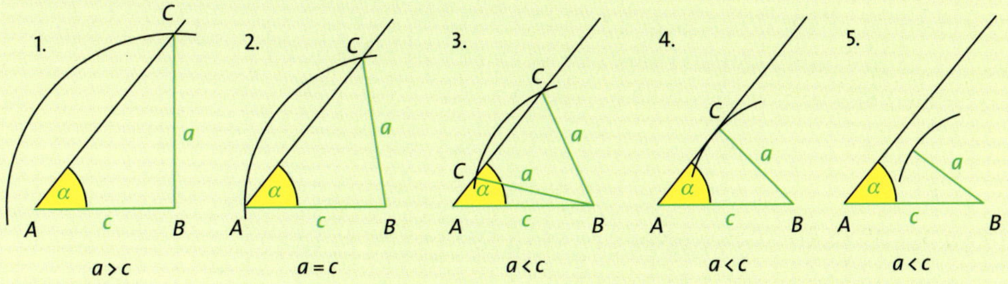

Der gegebene Winkel liegt der *größeren* der gegebenen Seiten gegenüber.

Der gegebene Winkel liegt der *kleineren* der gegebenen Seiten gegenüber.

eine Lösung | *eine* Lösung | *zwei* Lösungen | *eine* Lösung | *keine* Lösung

Du siehst: Es kann für den Punkt *C* zwei, eine oder keine Lösung geben. Aus demselben Grund kann es auch für den gesuchten Winkel γ zwei, eine oder keine Lösung geben. Auf jeden Fall gibt es genau eine Lösung, wenn der gegebene Winkel der größeren der beiden gegebenen Seiten gegenüberliegt.

Beispielaufgaben

Anwendung des Sinussatzes im Fall SSW:

a) α liegt der kleineren der gegebenen Seiten gegenüber.
Im Dreieck *ABC* sind gegeben:
$a = 4$ cm, $c = 5{,}7$ cm, $\alpha = 43°$.
Berechne γ.
Situation: SSW. Das Paar (a, α) und c sind bekannt.

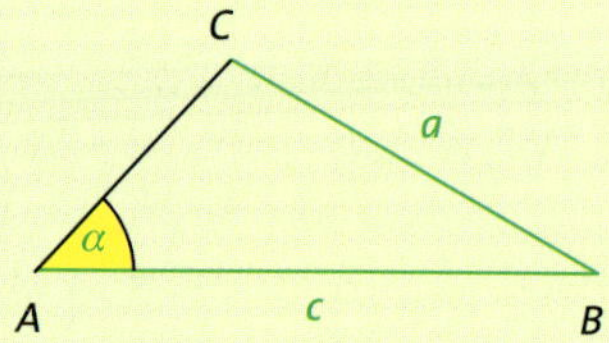

Berechnung von γ mit dem Sinussatz:

$$\frac{\sin\gamma}{c} = \frac{\sin\alpha}{a}$$

$$\frac{\sin\gamma}{5{,}7} = \frac{\sin 43°}{4} \qquad | \cdot 5{,}7$$

$$\sin\gamma = \frac{5{,}7 \cdot \sin 43°}{4} = 0{,}9718476\ldots$$

Erinnere dich: Für den Sinuswert 0,9718476… (positiv) gibt es zwischen 0° und 180° **zwei** zugehörige Winkel γ_1 und γ_2. Der Taschenrechner liefert mit inv sin den kleineren Winkel $\gamma_1 = 76{,}4°$. Den größeren Winkel γ_2 musst du berechnen mit:
$\gamma_2 = 180° - \gamma_1 = 103{,}6°$.
Weil gilt: $\alpha + \gamma_1 < 180°$, sind *beide Lösungen möglich* (s. Situation 3 auf Seite 101).

b) α liegt der kleineren der gegebenen Seiten gegenüber.
Im Dreieck *ABC* sind gegeben:
$a = 4{,}1$ cm, $c = 5{,}7$ cm, $\alpha = 65°$.
Berechne γ.
Situation: SSW. Das Paar (a, α) und c sind bekannt.

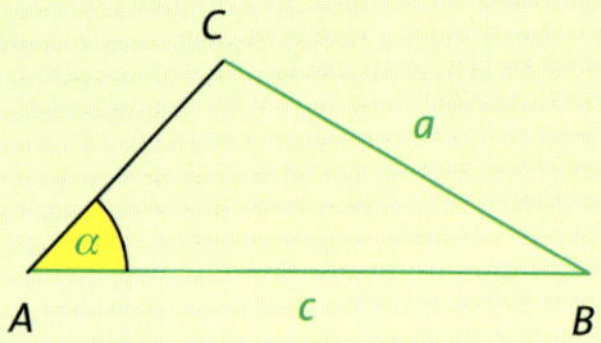

Berechnung von γ mit dem Sinussatz:

$$\frac{\sin\gamma}{c} = \frac{\sin\alpha}{a}$$

$$\frac{\sin\gamma}{5{,}7} = \frac{\sin 65°}{4{,}1} \qquad | \cdot 5{,}7$$

$$\sin\gamma = \frac{5{,}7 \cdot \sin 65°}{4{,}1} = 1{,}2599889\ldots$$

Der Taschenrechner liefert: E(rror), d. h. es gibt *keine Lösung* für γ, da $\sin\gamma$ größer als 1 ist (s. Situation 5 auf Seite 101).

c) α liegt der größeren der gegebenen Seiten gegenüber.
Im Dreieck *ABC* sind gegeben:
$a = 5{,}7$ cm, $c = 3{,}8$ cm, $\alpha = 87°$.
Berechne γ.
Situation: SSW. Das Paar (a, α) und c sind bekannt.

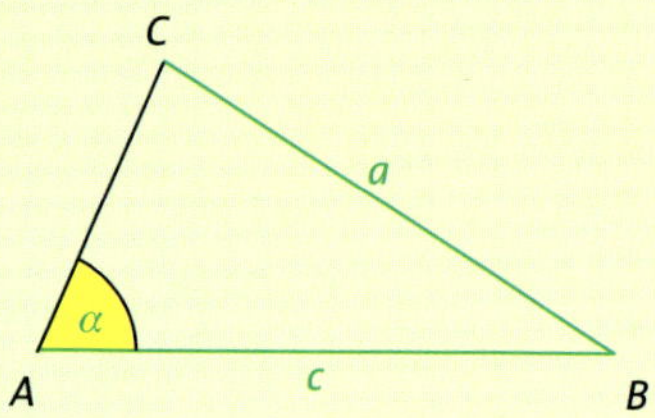

Berechnung von γ mit dem Sinussatz:

$\frac{\sin\gamma}{c} = \frac{\sin\alpha}{a}$

$\frac{\sin\gamma}{3{,}8} = \frac{\sin 87°}{5{,}7} \quad | \cdot 3{,}8$

$\sin\gamma = \frac{3{,}8 \cdot \sin 87°}{5{,}7} = 0{,}665753\ldots$

Der Taschenrechner liefert:
$\gamma_1 = 41{,}7°$. $\alpha + \gamma_1 < 180°$, d. h. γ_1 ist Lösung.
$\gamma_2 = 180° - \gamma_1 = 138{,}3°$. $\alpha + \gamma_1 > 180°$, d. h. γ_2 entfällt als Lösung.
Nur der Winkel $\gamma_1 = 41{,}7°$ ist Lösung.

Berechnest du in einem Dreieck mit dem Sinussatz inv sin einen Winkel ϕ, so liefert der Taschenrechner *eine mögliche* Lösung ϕ_1.
Der Winkel $\phi_2 = 180° - \phi_1$ ist dann eine *weitere mögliche Lösung*.
Prüfe in beiden Fällen, ob der jeweilige Winkel als Lösung in Frage kommt, d. h., ob der gegebene und der berechnete Winkel zusammen kleiner als 180° sind.

Übung 3

Im Dreieck *ABC* sind gegeben: $b = 10$ cm, $a = 5$ cm, $\beta = 72°$.
Fertige eine Skizze an, beschreibe die Situation und berechne α. Wie viele Lösungen gibt es für α?

Beispielaufgabe

Vollständige Berechnung für den Fall SSW.
Im Dreieck ABC sind gegeben:
$b = 5{,}2$ cm, $c = 7{,}4$ cm, $\gamma = 51°$.
Berechne die unbekannten Größen.

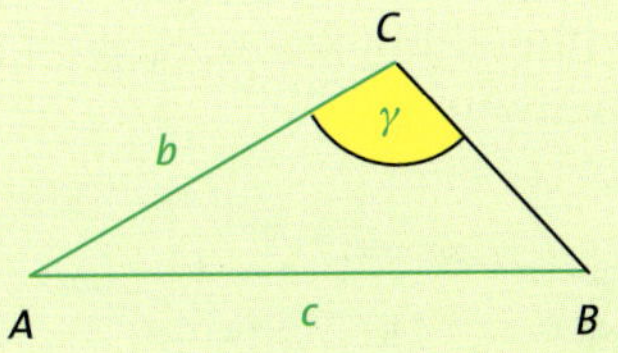

Situation: SSW. Das Paar (c, γ) und b sind bekannt.

1. Berechnung von β mit dem Sinussatz:

   $\frac{\sin\beta}{b} = \frac{\sin\gamma}{c}$

   $\frac{\sin\beta}{5{,}2} = \frac{\sin 51°}{7{,}4} \quad | \cdot 5{,}2$

   $\sin\beta = \frac{5{,}2 \cdot \sin 51°}{7{,}4} = 0{,}5461026\ldots$

   Der Taschenrechner liefert:
   $\beta_1 = 33{,}1°$. $\beta_1 + \gamma < 180°$, d. h. β_1 ist Lösung.
   $\beta_2 = 180° - \beta_1 = 146{,}9°$. $\alpha + \beta_2 > 180°$, d. h. β_2 entfällt als Lösung.
   Der Winkel β beträgt 33,1°.

2. Berechnung von α mit dem Innenwinkelsatz:

   $\alpha + 33{,}1° + 51° = 180°$

   $\alpha = 95{,}9°$

   Der Winkel α beträgt 95,9°.

3. Berechnung von a mit dem Sinussatz: Das Paar (c, γ) und α sind bekannt.

$$\frac{a}{\sin \alpha} = \frac{c}{\sin \gamma}$$

$$\frac{a}{\sin 95{,}9°} = \frac{7{,}4}{\sin 51°} \qquad | \cdot \sin 95{,}9°$$

$$a = \frac{7{,}4\text{ cm} \cdot \sin 95{,}9°}{\sin 51°} = 9{,}47 \text{ (gerundet)}$$

Die Seite a ist 9,47 cm lang.

Übung 4

Im Dreieck ABC sind gegeben:

a) $a = 3$ cm; $b = 5$ cm; $\beta = 20°$

b) $c = 9$ cm; $a = 7$ cm; $\alpha = 60°$

Fertige eine Skizze an, beschreibe die Situation und berechne alle unbekannten Größen.

In folgenden Fällen kannst du den Sinussatz **nicht** anwenden:

- Zwei Seiten und der Zwischenwinkel (SWS) sind gegeben. Kein Paar gegenüberliegender Größen ist bekannt oder bestimmbar.
- Drei Seiten (SSS) sind gegeben. Kein Paar gegenüberliegender Größen ist bekannt oder bestimmbar.
- Drei Winkel (WWW) sind gegeben. Das Dreieck ist nicht eindeutig bestimmt: Es kann jede beliebige Größe haben.

Den **Sinussatz** kannst du zur Berechnung von Dreiecken anwenden, wenn *ein Paar gegenüberliegender Größen* sowie eine weitere Seite oder ein weiterer Winkel gegeben oder berechnet werden können.

Die folgende Übersicht veranschaulicht dir noch einmal die Anwendungsmöglichkeiten des Sinussatzes:

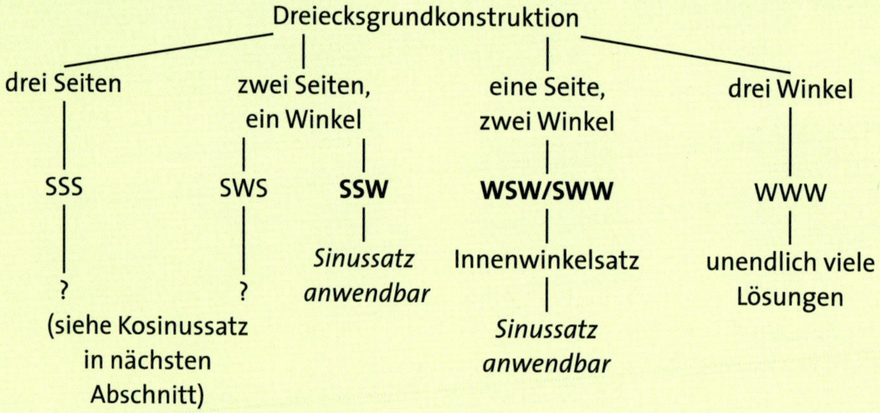

B Der Kosinussatz

Sind in einem Dreieck drei Seiten (SSS) oder zwei Seiten und der eingeschlossene Winkel (SWS) gegeben, so kannst du den Sinussatz nicht anwenden, da dir kein Paar gegenüberliegender Größen bekannt ist. In diesen Fällen bietet dir der Kosinussatz die Möglichkeit, eine Dreiecksgröße zu berechnen.
Der **Kosinussatz** besteht aus folgenden drei Beziehungen:

!

Für jedes Dreieck ABC gilt:

1. $b^2 = a^2 + c^2 - 2ac \cdot \cos \beta$	β wird von a und c eingeschlossen, bzw. β liegt b gegenüber.
2. $a^2 = b^2 + c^2 - 2bc \cdot \cos \alpha$	α wird von b und c eingeschlossen, bzw. α liegt a gegenüber.
3. $c^2 = a^2 + b^2 - 2ab \cdot \cos \gamma$	γ wird von a und b eingeschlossen, bzw. γ liegt c gegenüber.

Der Kosinussatz ist einfacher aufgebaut, als man im ersten Moment meint und daher recht leicht zu merken:

$$b^2 = a^2 + c^2 - 2 \cdot a \cdot c \cdot \cos \beta$$

$$a^2 = b^2 + c^2 - 2 \cdot b \cdot c \cdot \cos \alpha$$

$$c^2 = a^2 + b^2 - 2 \cdot a \cdot b \cdot \cos \gamma$$

Der erste Teil des Kosinussatzes entspricht dem Satz des PYTHAGORAS.

Im zweiten Teil kommen als Faktoren vor:
- die beiden Dreiecksseiten rechts vom Gleichheitszeichen,
- der cos des Winkels, der der Dreiecksseite links vom Gleichheitszeichen gegenüberliegt.

Übung 5

Formuliere die drei Gleichungen des Kosinussatzes für das nebenstehende Dreieck.

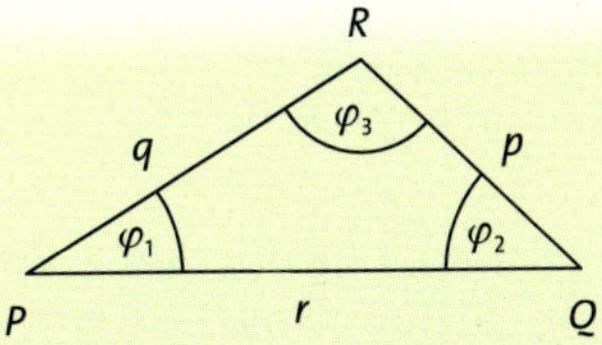

Damit du eine der Gleichungen des Kosinussatzes anwenden kannst, musst du von den darin vorkommenden vier Größen (drei Seiten und ein Winkel) drei kennen. Du musst also entweder drei Seiten oder zwei Seiten und einen Winkel kennen. Welche Größe du in der jeweiligen Situation mit Hilfe des Kosinussatzes direkt berechnen kannst, siehst du im folgenden Einführungsbeispiel.

Beispielaufgabe

Ansatz zur Berechnung einer Dreiecksgröße mit dem Kosinussatz

SWS

Im Dreieck *ABC* sind gegeben:
$a = 4{,}2$ cm, $c = 5{,}7$ cm, $\beta = 62°$.

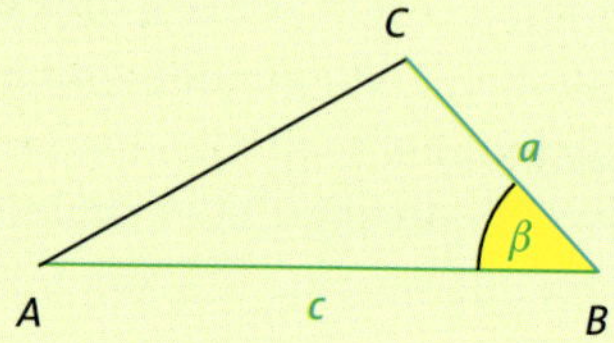

Gesucht: b, α und γ.

Situation: a und c schließen β ein (SWS); kein Paar gegenüberliegender Größen ist gegeben.

1. Willst du b berechnen, so kannst du nur folgende Gleichung benutzen:
   $b^2 = a^2 + c^2 - 2ac \cdot \cos \beta$.
   In dieser Gleichung ist nur noch b unbekannt, du kannst also b mit dem Kosinussatz berechnen.

2. Willst du α berechnen, so kannst du nur folgende Gleichung benutzen:
   $a^2 = b^2 + c^2 - 2bc \cdot \cos \alpha$.
   In dieser Gleichung ist neben α aber auch b unbekannt. Du kannst in diesem Fall also α nicht direkt mit dem Kosinussatz berechnen.

3. Willst du γ berechnen, so kannst du nur folgende Gleichung benutzen:
   $c^2 = a^2 + b^2 - 2ab \cdot \cos \gamma$.
   In dieser Gleichung ist neben γ aber auch b unbekannt. Du kannst in diesem Fall also γ nicht direkt mit dem Kosinussatz berechnen.

Übung 6

Im Dreieck *ABC* sind gegeben: $b = 5$ cm, $c = 3$ cm, $\alpha = 40°$.
Welche der drei unbekannten Größen kannst du mit dem Kosinussatz direkt berechnen? Gib auch den Ansatz an.

SSS

Im Dreieck ABC sind gegeben:
$a = 5$ cm, $b = 6$ cm, $c = 7{,}9$ cm.

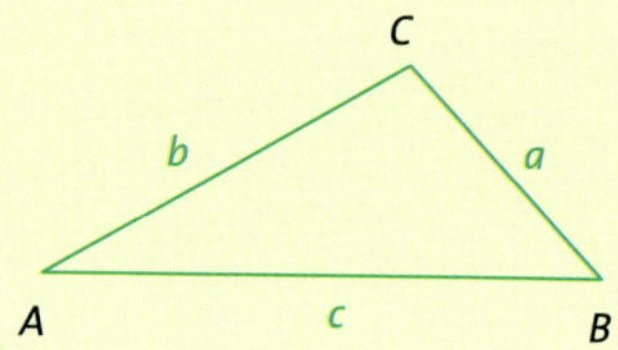

Gesucht: α, β und γ.
Situation: SSS; kein Paar gegenüberliegender Größen ist gegeben.

Willst du α berechnen, so kannst du nur folgende Gleichung benutzen:
$a^2 = b^2 + c^2 - 2bc \cdot \cos \alpha$.
In dieser Gleichung ist nur $\cos \alpha$ unbekannt, du kannst sie nach $\cos \alpha$ auflösen und dann über [inv] [cos] den Winkel α berechnen.

Übung 7

Überprüfe wie oben, ob in der gegebenen Situation auch die Winkel β und γ mit Hilfe des Kosinussatzes direkt berechnet werden können.

Im Fall SSS kannst du mit dem Kosinussatz jeden Winkel direkt berechnen.

Anmerkung: Auch im Fall SSW ist der Kosinussatz direkt anwendbar. Da in diesem Fall aber ein Paar gegenüberliegender Größen gegeben ist, kannst du auch den Sinussatz anwenden. Benutze ihn, denn seine Anwendung ist in diesem Fall deutlich einfacher (s. Seite 101ff.).

Beispielaufgabe

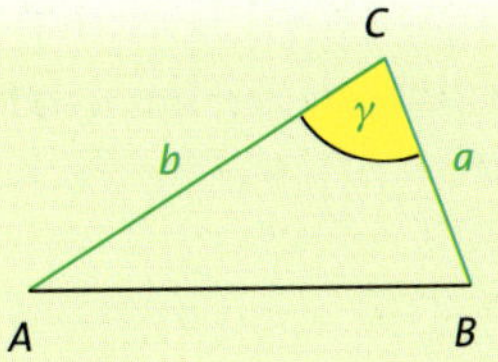

Anwendung des Kosinussatzes im Fall SWS
Im Dreieck *ABC* sind gegeben:
$a = 5{,}2$ cm, $b = 3{,}9$ cm, $\gamma = 70°$.
Berechne die unbekannten Größen.

Situation: a und b schließen γ ein (SWS); kein Paar gegenüberliegender Größen ist gegeben.

1. Berechnung von c mit dem Kosinussatz:
   $c^2 = a^2 + b^2 - 2ab \cdot \cos\gamma$
   $c^2 = 5{,}2^2 + 3{,}9^2 - 2 \cdot 5{,}2 \cdot 3{,}9 \cdot \cos 70° = 28{,}3776\ldots$
   $c = \pm\, 5{,}33$ (gerundet)
   Der negative Wert kommt als Streckenlänge nicht in Frage.
   Die Strecke c ist 5,33 cm lang.

2. Berechnung von α:

   a) mit dem *Sinussatz*
   Paar (c, γ) und a bekannt
   $\frac{\sin\alpha}{a} = \frac{\sin\gamma}{c}$ liefert
   $\alpha_1 = 66{,}5°$ und $\alpha_2 = 113{,}5°$.
   Nur $\alpha_1 = 66{,}5°$ ist die Lösung.

   b) mit dem *Kosinussatz*
   $a^2 = b^2 + c^2 - 2bc \cdot \cos\alpha$
   $2bc \cdot \cos\alpha = b^2 + c^2 - a^2 \quad | : (2bc)$
   $\cos\alpha = \frac{b^2 + c^2 - a^2}{2bc}$
   $= \frac{3{,}9^2 + 5{,}33^2 - 5{,}2^2}{2 \cdot 3{,}9 \cdot 5{,}33}$
   $= 0{,}39\ldots$
   Der Taschenrechner liefert:
   $\alpha = 66{,}5°$.

   Der Winkel α beträgt 66,5°.

Anmerkung: Achte bei der Eingabe des Bruches in den Taschenrechner auf die Tastenfolge.

b [x^2] [+] c [x^2] [−] a [x^2] [=] [÷] 2 [÷] b [÷] c [=]

[(] b [x^2] [+] c [x^2] [−] a [x^2] [)] [÷] [(] 2 [×] b [×] c [)] [=]

Bei der Anwendung des Kosinussatzes ist die Eingabe in den Taschenrechner komplizierter (Fehlerquelle!). Bei der Anwendung des Sinussatzes musst du überprüfen, welcher der ermittelten Winkel als Lösung in Frage kommt.

3. Berechnung von β mit dem Innenwinkelsatz:
   $\beta = 43{,}5°$
   Der Winkel β beträgt 43,5°.

Übung 8

Berechne die unbekannten Größen aus dem Beispiel auf Seite 106 (Situation SWS).

Beispielaufgabe

Anwendung des Kosinussatzes im Fall SSS
Im Dreieck *ABC* sind gegeben:
$a = 5$ cm, $b = 4$ cm, $c = 2$ cm.
Berechne die unbekannten Größen.

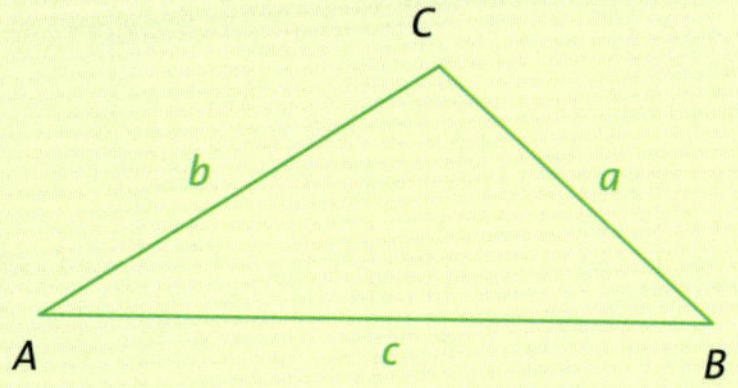

Situation: SSS; kein Paar gegenüberliegender Größen ist bekannt.

1. Berechnung von α mit dem Kosinussatz:
   $a^2 = b^2 + c^2 - 2bc \cdot \cos \alpha$
   Diese Gleichung muss nach $\cos \alpha$ aufgelöst werden.
   $2bc \cdot \cos \alpha = b^2 + c^2 - a^2 \quad | :(2bc)$
   $\cos \alpha = \frac{b^2 + c^2 - a^2}{2bc} = \frac{4^2 + 2^2 - 5^2}{2 \cdot 4 \cdot 2} = -0{,}3125$
   Mit [inv] [cos] erhält man: $\alpha = 108{,}2°$.
   Der Winkel α beträgt 108,2°.

2. Berechnung von β

   a) mit dem *Sinussatz*:
   $\frac{\sin \beta}{b} = \frac{\sin \gamma}{c}$
   $\frac{\sin \beta}{4} = \frac{\sin 108{,}2°}{5} \quad | \cdot 4$
   $\sin \beta = \frac{4 \cdot \sin 108{,}2°}{5}$
   $= 0{,}7599776\ldots$

   Der Taschenrechner liefert:
   $\beta_1 = 49{,}5°$;
   $\beta_1 + \gamma < 180°$;
   β_1 ist Lösung.
   $\beta_2 = 180° - \beta_1 = 130{,}5°$;
   $\alpha + \beta_2 > 180°$;
   β_2 entfällt als Lösung.
   Der Winkel β beträgt 49,5°.

   b) mit dem *Kosinussatz*:
   $b^2 = a^2 + c^2 - 2ac \cdot \cos \beta$
   $2ac \cdot \cos \beta = a^2 + c^2 - b^2 \quad | :(2ac)$
   $\cos \beta = \frac{a^2 + c^2 - b^2}{2ac}$
   $= \frac{25 + 4 - 16}{2 \cdot 5 \cdot 2} = 0{,}65$
   $\beta = 49{,}5°$

3. Berechnung von γ mit dem Innenwinkelsatz:

$$108{,}2° + 49{,}5° + \gamma = 180°$$
$$\gamma = 22{,}3°$$

Der Winkel γ beträgt 22,3°.

Übung 9

Berechne die unbekannten Größen aus dem Beispiel auf Seite 106 (Situation SSS).

In der folgenden Übersicht findest du die Lösungswege, die dir aus den Beispielen und Übungen nun bekannt sind, noch einmal zusammengestellt.

Gegeben:	**SSS**	
1. Winkel:	Kosinussatz	
2. Winkel:	Kosinussatz	Sinussatz
3. Winkel:	Innenwinkelsatz	

Gegeben:	**SWS**	
3. Seite:	Kosinussatz	
2. Winkel:	Kosinussatz	Sinussatz
3. Winkel	Innenwinkelsatz	

Gegeben:	**SSW**	
2. Winkel:	Sinusssatz	
3. Winkel:	Innenwinkelsatz	
3. Seite:	Sinussatz	Kosinussatz

Gegeben:	**WSW (SWW)**	
3. Winkel:	Innenwinkelsatz	
2. Seite:	Sinussatz	
3. Seite:	Sinussatz	Kosinussatz

Beispielaufgabe

Berechnungen an Dreiecken mit Hilfe des Sinussatzes:
Die Höhe *h* eines Berges über der Horizontalebene soll bestimmt werden. Dazu wird in der Ebene eine 300 m lange Standlinie $c = \overline{AB}$ abgesteckt und die Bergspitze mit den Höhenwinkeln $\alpha = 19°$ und $\beta = 25°$ angepeilt.

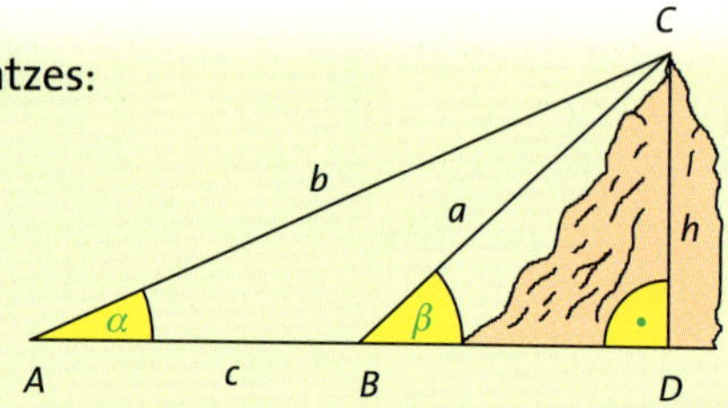

Um die Höhe *h* zu berechnen, suchst du zunächst ein Dreieck, in dem *h* vorkommt. Du stellst fest: *h* ist im rechwinkligen Dreieck *ADC* Gk α, im rechtwinkligen Dreieck *BDC* Gk β. Um *h* berechnen zu können, musst du (wenigstens) eine Seite dieser beiden Dreiecke kennen. Dir ist aber nur die Seite *c* im Dreieck *ABC* bekannt. In diesem Dreieck kannst du die Seite *b* (die auch im Dreieck *ADC* vorkommt) oder die Seite *a* (die auch im Dreieck *BDC* vorkommt) berechnen.
Hier wird nun *h* mit Hilfe der Seite *b* berechnet.

Berechnung der Seite *b* im Dreieck *ABC*
Im Dreieck *ABC* sind gegeben:
$c = 300$ m,
$\alpha = 19°$,
$\beta' = 180° - \beta = 180° - 25° = 155°$.

Situation: WSW

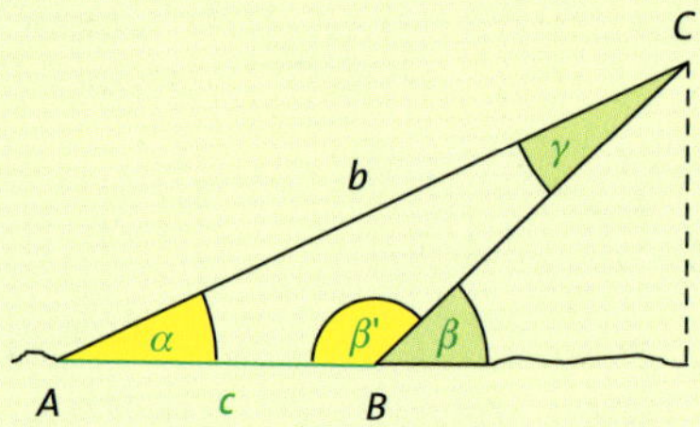

1. Berechnung von γ mit dem Innenwinkelsatz:
   $19° + 155° + \gamma = 180°$
   $\gamma = 6°$
   Der Winkel γ ist 6° groß.

2. Berechnung von *b* mit dem Sinussatz: Das Paar (c, γ) und β' sind bekannt.
   $$\frac{b}{\sin \beta'} = \frac{c}{\sin \gamma}$$
   $$\frac{b}{\sin 155°} = \frac{300}{\sin 6°} \qquad | \cdot \sin 155°$$
   $$b = \frac{300 \cdot \sin 155°}{\sin 6°} = 1212{,}93$$

   Die Seite *b* ist 1212,93 m lang.

Übung 10

Berechne nun die Höhe *h* im Dreieck *ADC*.

Beispielaufgabe

Berechnungen an Dreiecken mit Hilfe von Sinus- und Kosinussatz.

Es soll die Entfernung zweier Punkte P und Q bestimmt werden, die durch ein Hindernis getrennt sind. Dazu peilt man von den Endpunkten der Standlinie $s = \overline{AB}$ die beiden Punkte P und Q an. Es gilt:
$s = 200$ m, $\alpha = 103°$, $\alpha_1 = 44°$, $\beta = 121°$, $\beta_1 = 65°$.

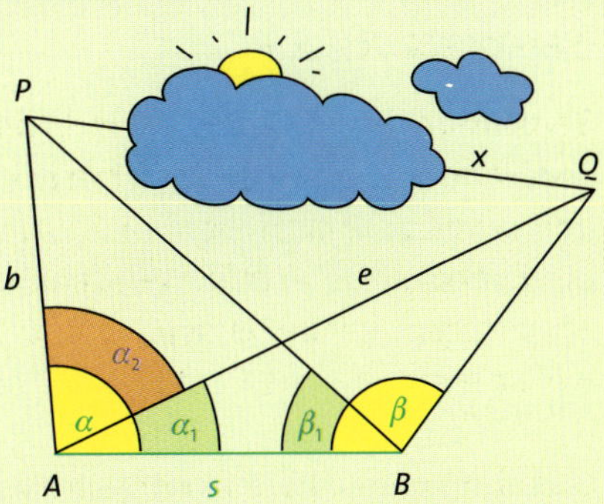

Die gesuchte Größe $x = \overline{PQ}$ ist
- Seite im Dreieck AQP und
- Seite im Dreieck PBQ.

Um x berechnen zu können, musst du in diesen Dreiecken (wenigstens) eine Seite kennen. Im Folgenden wird der Rechnung das Dreieck AQP zugrunde gelegt. In diesem Dreieck ist dir nur der eine Winkel $\alpha_2 = \alpha - \alpha_1$ bekannt. Da du keinen weiteren Winkel berechnen kannst, musst du zur Berechnung von x die beiden Seiten $b = \overline{AP}$ und $e = \overline{AQ}$ ermitteln. Gegeben ist nur die Seite $s = \overline{AB}$. Die Seite b berechnest du daher im Dreieck ABP (in dem auch s vorkommt), e berechnest du im Dreieck ABQ (in dem auch s vorkommt).

Berechnung der Seite *b* im Dreieck *ABP*
Im Dreieck ABP sind gegeben:
$s = 200$ m, $\alpha = 103°$, $\beta_1 = 65°$.

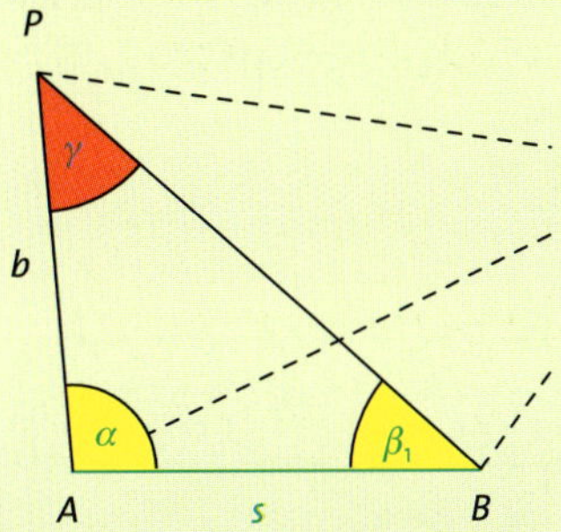

Situation: WSW

1. Berechnung von γ mit dem Innenwinkelsatz:
   $103° + 65° + \gamma = 180°$
   $\gamma = 12°$
   Der Winkel γ ist 12° groß.

2. Berechnung von b mit dem Sinussatz: Das Paar (s, γ) und β_1 sind bekannt.
   $\frac{b}{\sin \beta_1} = \frac{s}{\sin \gamma}$
   $b = 871{,}82$
   Die Seite b ist 871,82 m lang.

Berechnung der Seite *e* im Dreieck *ABQ*
Im Dreieck ABQ sind gegeben:
$s = 200$ m, $\alpha_1 = 44°$, $\beta = 121°$.

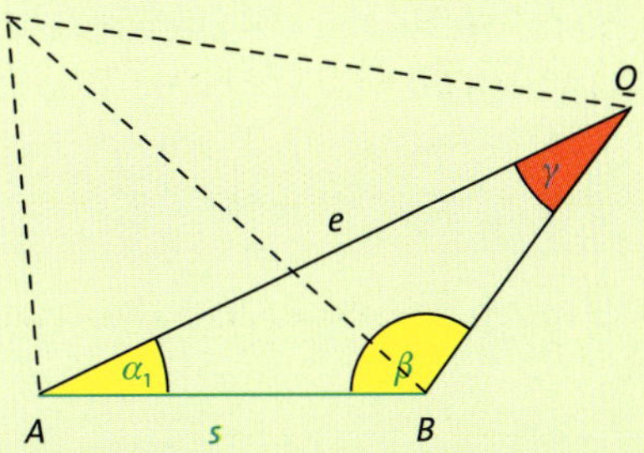

Situation: WSW

1. Berechnung von δ mit dem Innenwinkelsatz:
   $44° + 121° + \delta = 180°$
   $\delta = 15°$
   Der Winkel δ ist 15° groß.

2. Berechnung von e mit dem Sinussatz: Das Paar (s, δ) und β sind bekannt.

$$\frac{e}{\sin \beta} = \frac{s}{\sin \delta}$$

$$e = 662{,}37$$

Die Seite e ist 662,37 m lang.

Berechnung der Seite x im Dreieck *AQP*

Im Dreieck *AQP* sind gegeben:

$\alpha_2 = \alpha - \alpha_1 = 103° - 44° = 59°$,

$b = 871{,}82$ m, $e = 662{,}37$ m.

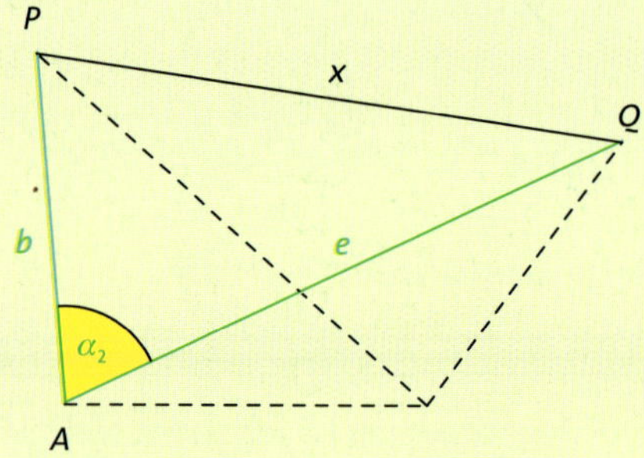

Situation: SWS

Berechnung der Seite x mit dem Kosinussatz:

$x^2 = b^2 + e^2 - 2be \cdot \cos \alpha_2$

$x = 777{,}15$

Die Punkte P und Q sind rund 777 m voneinander entfernt.

! Bei Berechnungen zur Vermessung solltest du Folgendes beachten:

1. Suche ein Dreieck, in dem die zu berechnende Größe vorkommt!
2. Unter Umständen musst du Größen dieses Dreiecks erst noch über Hilfsdreiecke berechnen.

Übung 11

Im Dreieck ABC sind gegeben:

a) $a = 5{,}4$ cm; $\alpha = 61{,}8°$; $\beta = 47{,}2°$

b) $b = 5$ cm; $c = 4$ cm; $\gamma = 43°$

c) $a = 5$ cm; $b = 4$ cm; $c = 6$ cm

d) $a = 5{,}2$ cm; $b = 4$ cm; $\gamma = 100°$

Fertige jeweils eine Skizze an, beschreibe die Situation und berechne die fehlenden Seiten und Winkel.

Übung 12

Um die Entfernung zweier Punkte R und S, die durch einen Berg getrennt sind und durch einen Tunnel verbunden werden sollen, zu bestimmen, peilt man von den Endpunkten der Standlinie $\overline{AB} = 100$ m die beiden Punkte R und S an.

Vom Punkt A wird der Punkt R unter einem Winkel von 110° und der Punkt S unter einem Winkel von 40° angepeilt.

Vom Punkt B wird der Punkt R unter einem Winkel von 60° und der Punkt S unter einem Winkel von 120° angepeilt.

Wie lang wird der Tunnel?